U0539608

知名美食網紅 小喵──作著　賴惠鈴 譯

醫生保證瘦的
減醣料理

不用運動也能半年瘦 11公斤

減重名醫
工藤孝文
監修、推薦

作者序

寫在前面，出版緣起

這本書的誕生，是因為我的老公非常喜歡吃甜食、啤酒、白米飯，每天晚上都要吃到「十二分飽」才肯放下碗筷，早已養成無醣不歡的飲食習慣。

加上他又是一個藉著吃點心來消除壓力的那種人，所以晚餐後一定還要再來點西點麵包或零食，放鬆生活緊繃的壓力。

這樣的生活一路過下來，老公結婚 7 年就胖了 11 公斤！

怎麼想都覺得這樣太不健康了！變胖後他看起來總是懶洋洋的，再這樣下去可不行！於是，我開始著手改變他的飲食習慣。

雖然也想著「他要是能瘦下來就好了」，但是身為人妻，最大的目標還是「為老公的健康著想」。

減醣的飲食法一開始他顯然有點不太適應，畢竟他是澱粉愛好者，我只好從減量開始讓他慢慢習慣，逐漸習慣減醣飲食後，終於成功地減掉 11 公斤！

其實作法非常簡單，就只是把一日三餐都換成低醣減肥菜單而已。

說穿了，只是從平常手邊使用的食材、調味料中選擇低醣的產品，在做菜的時候掌握住快速、簡單的主旨。

不需要麻煩地計算含醣量，也不用另外做一份專門給老公吃的飯菜。

成功的祕訣並不是「做出給減肥中人吃的飯菜」，而是幫他愛吃的菜色製造變化，
想出低醣卻又充滿飽足感的菜單！

老公也給出「因為不會餓，所以能輕鬆地瘦下來」的評價。

因為身體變輕盈了，上下班通車變得比較輕鬆，健康檢查的數字也比較好看。更重要的是表情變健康了，跟孩子玩的時候也感到朝氣蓬勃、精神抖擻！這對全家人來說都是一件好事。

我們總覺得減肥必然伴隨著壓力，所以希望這本書能幫助不想勉強自己節食的人輕鬆愉快地達成瘦下來的目標。

小喵

CONTENTS

- 10　老婆的「低醣減肥料理」讓我輕鬆瘦下 11 公斤！
- 12　小喵獨創的低醣減肥菜單 夫妻倆都「毫無壓力！」的 8 大重點
- 16　工藤孝文醫師推薦： 為什麼「減醣」就能減肥？

PART 1 最強減肥菜單 BEST 20

- 20　**BEST 1** 豬五花高麗菜
- 23　**BEST 2** 雞胸肉排佐洋蔥醬
- 26　**BEST 3** 青椒炒肉絲
- 28　**BEST 4** 柑橘醋雞肉披薩
- 30　**BEST 5** 微辣韭菜拌雞胸
- 32　**BEST 6** 蒜香鹽燒翅小腿
- 34　**BEST 7** 蒜香美乃滋雞胸
- 36　**BEST 8** 咖哩醬油炒豬五花肉

38 **BEST 9**
鹽檸檬雞肉

40 **BEST 10**
肉蛋丸子

42 **BEST 11**
咖哩起司雞

44 **BEST 12**
鹽起司韓國烤肉

46 **BEST 13**
法式芥末燒雞

48 **BEST 14**
麻辣蘿蔔燉肉

50 **BEST 15**
鹽焗叉燒

52 **BEST 16**
韭菜炒雞

54 **BEST 17**
柑橘醋蛋包菇菇豬

56 **BEST 18**
鹽煮蘿蔔雞

58 **BEST 19**
醬炒豬五花茄子

60 **BEST 20**
鹽燒雞佐秋葵醬

PART 2
添加了豆渣粉的美味瘦身料理

64 低醣減肥的祕密武器！
豆渣粉的 4 大優勢

66 多汁美味的經典漢堡排

68 中式涼拌豬肉豆芽菜

70 吃了不變胖的炸雞塊

72 萵苣包鮮嫩雞胸肉

74 檸檬奶油煎鮭魚

76	鮮味青蔥拌小肉丸
78	清爽的鹽味肉鬆
79	馬克杯起司蛋捲
80	南蠻風雞胸肉
82	豬五花肉高麗菜蛋餅
84	咖哩青花魚
85	韭菜豆芽菜煎餅
86	焗烤豆腐雞
88	薑醋醬油炒雞肉
89	肉丸佐美乃滋醬
90	美乃滋墨魚炒豆苗
92	高麗菜炒肉絲
93	海苔拌豬肉杏鮑菇
94	芝麻味噌烤蒟蒻

PART 3
第一週是減醣生活
成敗的關鍵

98	小喵 & 老公的「第一週至關重要」的精神喊話
102	第 1 天的三餐菜單
104	第 2 天的三餐菜單
106	第 3 天的三餐菜單
107	第 4 天的三餐菜單
108	第 5 天的三餐菜單
109	第 6 天的三餐菜單
110	第 7 天的三餐菜單
111	老公的午餐 & 點心日記 Part 1
112	【COLUMN】小喵經常使用的減醣食材清單！

PART 4 充滿飽足感的 魚、蛋、豆腐配菜

【魚】

116 黑胡椒奶油鰤魚

118 義式涼拌鮭魚

120 夏威夷風酪梨鮪魚

122 咖哩風味香煎鱈魚

123 綠花椰菜煮青花魚

124 美乃滋起司烤鮭魚

【蛋】

126 西班牙煎蛋捲

128 豆腐吻仔魚蛋包

129 越南風煎蛋

130 日本油菜炒什錦

【豆皮】

132 起司蛋豆皮薄餅

【油豆腐】

134 鮪魚美乃滋油豆腐排

135 鴻喜菇辣炒油豆腐

136 起司焗油豆腐

138 蔥花味噌油豆腐煎

140 老公的午餐 & 點心日記 Part 2

PART 5 也能當成下酒菜的 瘦身料理

144 帆立貝炒高麗菜

146 中華風涼拌青花魚

147 滑蛋焗烤酪梨豆腐

148 酪梨奶油起司淋醬

150 蒜味章魚拌鮪魚

152 蛋包豆苗雞湯

153 胡椒蒜味毛豆拌黃豆

154　鮪魚玉米烤豆皮披薩

156　泡菜起司烤菇菇

【納豆】

158　芝麻蔥醬海帶芽納豆

159　和風味油菜拌納豆

160　納豆泡菜涼拌食蔬

161　蘘荷蘿蔔泥拌納豆

【豆腐】

162　紫蘇納豆涼拌豆腐

163　秋葵金針菇涼拌豆腐

164　涮豬肉涼拌豆腐

165　海苔小黃瓜涼拌豆腐

166　鮪魚起司涼拌豆腐

167　番茄橄欖油涼拌豆腐

PART 6
不需要菜刀、砧板就能做的瘦身餐

170　清炒豬肉水菜

171　咖哩豬肉炒蛋

172　奶油豬肉炒菠菜

174　柚子胡椒美乃滋夾肉

176　辣炒青椒豬五花肉

177　紫蘇薑燒豬肉

178　芝麻味噌拌豬肉

179　柚子胡椒辣炒豆芽菜

180　柴魚片炒高麗菜豬肉

181　生薑炒豬肉韭菜冬粉

182　胡椒檸檬沙拉雞

183　芥末籽雞翅膀

184　奶油檸檬翅小腿

186　醋醬油炸雞翅

PART7 湯、沙拉，讓你飽足感滿滿

【湯】

- 190　大頭菜培根法式小鍋
- 192　白菜蘿蔔味噌湯
- 193　豆皮生薑味噌湯
- 194　豆腐泡菜大蔥湯
- 195　高麗菜蛋花湯
- 196　羊栖菜中式蔥湯
- 197　豬肉酸辣湯

【沙拉】

- 198　基本的沙拉
- 200　韓式萵苣沙拉
- 202　豆腐芝麻味噌沙拉
- 203　起司蛋凱薩沙拉
- 204　羊栖菜美乃滋沙拉

＊沒有特別指定的含醣量、卡路里全都是一人份，不包含材料中沒有列出來的蔬菜。
＊計量單位的 1 杯＝ 200 毫升、1 大匙＝ 15 毫升、1 小匙＝ 5 毫升。
＊調味料的份量若寫成「少許」意指用大拇指和食指這兩根手指抓起來的份量，「1 小撮」則為大拇指與食指、中指這三根手指抓起來的份量。
＊微波爐的加熱時間以 600 瓦的微波爐為準。500 瓦的微波爐要加到 1.2 倍、700 瓦的微波爐要減為 0.8 倍，請自行調整，依機種會有些許出入。
＊烤箱的加熱時間以 1200 瓦的烤箱為準。
＊沒有特別指出的調味料中，使用的醬油為濃醬油、鹽為食鹽、味噌為麴味噌、奶油為有鹽奶油、酒為料理米酒。另外，柑橘醋醬油也就是柑橘醋。
＊洋蔥、紅蘿蔔等基本上要先去皮再料理的蔬菜皆省略說明去皮的步驟，青椒或茄子等基本上都要先剔除蒂頭和種籽的蔬菜則省略說明剔除蒂頭和種籽的步驟。
＊烹調時間指的是料理完成大致上需要的時間，扣除醃漬的時間等。
＊用微波爐或烤箱加熱時，請依照其所附的說明書，使用耐高溫的碗盤。
＊依微波爐或烤箱的機種及肉等食材的大小，按照書中的加熱時間可能會無法完全熟透，所以請先用竹籤刺刺看，檢查是否熟透，如果尚未熟透，則要視情況繼續加熱。
＊如果用微波爐加熱液體，拿出來攪拌的時候可能會突然沸騰（突沸現象）。請盡可能裝進開口比較大的容器，放涼後再從微波爐裡拿出來。

老婆的「低醣減肥料理」讓我輕鬆瘦下 11kg 公斤！

From 老公

START
體重 **80.2** kg

2週後
體重 **76.0** kg
-4.2 kg

突然瘦了4公斤！
豆渣粉太神奇了！

1個月後
體重 **74.0** kg
-6.2 kg

2個月後
體重 **72.3** kg
-7.9 kg

179 cm
39歲

小腹從褲頭凸出來了……

愛妻便當，減去了醣份

公司的健康檢查，尿酸值也是正常數值！

開始減醣生活前……
- 1天2餐（不吃早飯）
- 晚餐要吃白米飯＋配菜，吃到十二分飽
- 還要喝啤酒
- 身體很重，甚至沒力氣爬樓梯，光是通勤就累死了……

10

小喵的老公靠著老婆親手做的低醣減肥料理，輕鬆瘦下 11 公斤，而且完全沒復胖，現在也繼續平緩穩定地減重中！以下是老公本人的心路歷程。

利用減醣生活毫無壓力地瘦下來，而且還變得青春有活力！

我本來就非常熱愛啤酒、白飯和甜食，再加上老婆做的飯菜實在太好吃了，每晚都要添飯的結果，就是體重直線上升！這時老婆提出的解決方案是：利用低醣減肥料理來瘦身。

幸好低醣減肥是即使白飯減量，也能吃菜吃到飽，所以很意外地，減肥在沒什麼壓力的情況下展開，我感覺「說不定真能辦到！」，雖然過程中也曾經連作夢都想念啤酒和白米飯，但拜老婆的巧思所賜，不但覺得毫無壓力地讓體重順利減輕，身體狀況也變好了。即使現在已經成功瘦下來了，我也還繼續推持這種飲食習慣。

感謝老婆讓我從公司的紀念照裡那個唯一「放大影印 125%」的狀態變回「等比例 100%」。托她的福，即使再忙、吃得再飽，也能在不戒酒、不運動的前提下，毫無痛苦地瘦到目前的樣子。

6 個月後
體重 69.0 kg

腰圍 -11.2 kg!!
開始至今 -11.2 kg!!

開始減醣生活，搖身一變！
- 1 日 3 餐定時定量
- 吃到八分飽就夠了！
- 晚上也改喝低醣的威士忌蘇打酒
- 身體很輕！上下樓梯健步如飛，通勤也感到很輕鬆
- 排便很順暢

從前的牛仔褲也變得鬆垮垮！

11

小喵獨創的低醣減肥菜單
夫妻倆都「毫無壓力！」
的  大重點

好吃又能吃得飽！「毫無壓力」的小喵＆老公的低醣減肥菜單執行重點大公開。目標是盡可能簡單地、快樂地、讓全家人都能開開心心地減肥！

不需要精密的計算
以手邊的食材做
快速、簡單、低醣餐！

因為孩子還小，不可能執行費時費工的減肥法。若是規定得太嚴格，也很容易半途而廢，所以請先大致記住「低醣的食材及調味料」，從把材料換成低醣的食材開始。因此，不需要精密地計算含醣量及卡路里，再加上帶孩子很忙，只能鎖定快速、簡單的料理作法。

將老公愛吃的菜換成低醣的食材

因為孩子還小，不可能執行費時費工的減肥法。若是規定得太嚴格，也很容易半途而廢，所以請先大致記住「低醣的食材及調味料」，從把材料換成低醣的食材開始。因此，不需要精密地計算含醣量及卡路里，再加上帶孩子很忙，只能鎖定快速、簡單的料理作法。

全家人都可以吃一樣的東西

如果要另外準備給老公吃的那份，不僅做的人要多花一份工，吃的人也會覺得很寂寞，因此全家人都吃一樣的東西。我和孩子照正常吃飯或麵包，老公則以不吃主食的方式來減醣。

要確實吃三餐，也可以喝酒

要是打亂飲食的節奏，或者是刻意餓肚子，反而會適得其反，所以減肥的時候也要確實吃三餐。忍著不吃主食及點心的另一方面，可以喝含醣量比較低的威士忌蘇打調酒(威士忌加入蘇打水)。

13

毫無壓力 Point 5
調味料鎖定 含醣量比較少的品項

調味料的醣份雖然各自只有一點點，加起來也很可觀，因此本書提供的食譜是以含醣量比較少的調味料為主。但是為了增加味道的變化，也可以在留意量及次數的前提下使用「含醣量比較高的調味料」。

○ 經常使用	• 咖哩粉 • 豆瓣醬 • 味噌（豆味噌、大豆味噌、八丁味噌）	• 胡椒 • 魚露	• 鹽 • 醋	• 醬油 • 美乃滋
△ 偶爾使用	• 蠔油 • 柑橘醋醬油	• 味醂	• 沾麵醬	
✕ 不使用	• 番茄醬 • 白味噌 • 蜂蜜	• 韓式辣醬 • 沾醬（伍斯特醬、中濃醬）	• 砂糖	

可多多使用 豆渣粉

在料理中加入豆渣粉以增加份量，不僅能製造飽足感，也能攝取到更多的膳食纖維及蛋白質。剛開始減肥的時候很容易感到肚子餓，所以更可以好好善用豆渣粉。

以份量十足的外觀來提升飽足感

我會把雞胸肉從中間剖開，漢堡排刻意拍打得大片一點，努力讓外觀看起來份量十足。即使份量相同，也能使人得到「吃得好飽！」的滿足感。而且攤開來煎還能在短時間內把肉煎熟。

利用香料及風味蔬菜來製造畫龍點睛的效果

使用大量的調味料來加重口味的話，會讓人更想吃飯(澱粉)，所以味道要調得淡一點。這部分不妨用大蒜或生薑、辣油等風味蔬菜、香料來彌補，同時讓味道張弛有度。

舉手發問

工藤孝文醫師推薦

為什麼「減醣」就能減肥？

確實地攝取肉和魚、蛋，
不用勉強自己餓肚子

這種飲食習慣只需要限制醣類的攝取，肉和魚、蛋等蛋白質的食物可以想吃多少就吃多少，烹調方法也沒有限制。「油脂」是消耗熱量時不可或缺的要素，所以請務必與蛋白質一同積極地攝取，因此不用勉強自己餓肚子。

另外，每天攝取 70～130g 醣類，「平穩地減少醣類的攝取」是最理想的作法。

「減醣法」有助於改善、
預防文明病

飲食中如果攝取了太多醣，會增加飯後血液中的葡萄糖，導致血糖迅速上升。過多的葡萄糖會變成中性脂肪，這也是文明病的主要原因之一。適度地限制醣類的攝取，可控制血糖上升的速度，有助於降低中性脂肪的增加，能進一步改善、預防文明病。

小喵與她老公一起挑戰的飲食稱為「低醣減肥菜單」，意思是指，藉由降低飲食中的含醣量（澱粉及砂糖等醣類）的方法來瘦身。以下工藤孝文醫師特別說明，低醣減肥之所以有效的原因？以及該如何健康地瘦下來！？

工藤孝文

減重門診、糖尿病內科醫生

福岡大學醫學系畢業後，前往愛爾蘭及澳洲留學。目前在福岡縣三山市的工藤內科治療肥胖及文明病的患者。

不會減掉肌肉，所以能維持基礎代謝

如果想健康地瘦下來，重點在於提升身體的「基礎代謝量」（即日常生活即使什麼都不做也能消耗掉的熱量）。身體的肌肉量愈多，基礎代謝率就愈高。所以如果是使用節食的方式減肥，因為減掉了肌肉，導致基礎代謝跟著下降的例子屢見不鮮。

低醣減肥菜單由於攝取了很多蛋白質，不容易減到肌肉量，還能夠維持基礎代謝，幫助你健康地瘦下來。

還能讓皮膚及頭髮變得更漂亮

「減少攝取卡路里的減肥法」是以前傳統減肥法的主流，因為很容易在減少卡路里的同時也減少了蛋白質的攝取，一旦減少蛋白質的攝取，可能會讓頭髮或皮膚變得乾燥粗糙喔。

但如果是透過這個低醣減肥菜單確實地攝取蛋白質，既不會影響到皮膚或頭髮，還能在維持年輕貌美的前提下變得苗條。

PART 1
最強減肥菜單 BEST 20

老公也讚不絕口！
因為好吃才能毫無壓力地堅持下去

以下為各位介紹不勝枚舉的低醣菜單中，老公讚不絕口，還說「只要有了這道菜，減肥也不再痛苦」的 BEST 20 道主菜。從雞胸肉到豬五花肉、蛋、菇類等，變化出各式各樣的菜色！

BEST 1

老公喜歡的　　最強 20 道菜

豬五花高麗菜

吃這個準沒錯！
減肥期間也能吃得心滿意足的回鍋肉！

利用雞骨湯及辣油的辛辣製造出令人念念不忘的美味。簡簡單單就能心滿意足！

1人份
含醣量 5.5g
熱量 476kcal

PART 1 最強減肥菜單 BEST 20

From 老公♥
豬五花太棒了！
吃起來好滿足！

材料（2 人份）

豬五花肉片…200g
鹽、胡椒粉…各少許
高麗菜…1/6 個（約 200g）
沙拉油…1 大匙
A｜大蒜、生薑末、豆瓣醬各 1 小匙
雞湯粉…1/2 大匙
辣油…1 小匙
黑胡椒粒…少許

作法

1. 把鹽、胡椒粉撒在豬肉上；高麗菜切大塊。

2. 將沙拉油和 A 料倒進平底鍋裡，開小火拌炒，炒到散發出香味後，再加入豬肉，用中火拌炒，炒到豬肉變色，先拿出來。

3. 把高麗菜放進同一只平底鍋，稍微拌炒一下，炒到所有高麗菜都吃到油再倒回 2，加入雞湯粉，迅速地拌炒一下。再均勻地倒入辣油，撒上黑胡椒粒。

> 高麗菜炒過頭會出水，所以請不要炒太久！辣油及黑胡椒粒的量可以視個人喜好調整。

小喵式的減肥 POINT

蔬菜切大塊
為了增加飽足感，蔬菜要切得大塊一點。為了保留口感，也要縮短炒的時間。

調味富有變化
口味太重會讓人想喝酒或吃飯，反而會攝取更多醣分，所以請搭配調味料或風味蔬菜，製造出變化，並減少份量。

BEST 2

老公喜歡的　最強20道菜

雞胸肉排佐洋蔥醬

不會乾巴巴的！
又軟又嫩

將一整片雞胸肉做成雞排。就**只是煎熟而已**，老公卻讚不絕口。

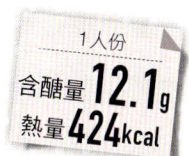

1人份
含醣量 **12.1**g
熱量 **424**kcal

材料（1～2人份）

雞胸肉（去皮）
…1片（約300g）
鹽、黑胡椒粒…各適量
洋蔥…1/2個
蒜頭…1瓣
A| 醬油1大匙、味醂1小匙

作法

1. 雞肉對半切開，在上頭劃出2cm寬的格子狀刀痕，兩面撒上鹽和黑胡椒粒。

2. 把步驟1的雞胸肉放進平底鍋裡，開中火加熱。煎到整片雞胸肉約1/3變白後翻面，轉小火，蓋上鍋蓋，燜3～4分鐘。

3. 利用煎雞肉的空檔將洋蔥與蒜頭磨成泥，與A料攪拌均勻。

4. 取出雞肉，盛入盤中，再把步驟3的醬料放進同一只平底鍋裡，開小火加熱，稍微煮滾後關火，裝進小碟子，與雞排一同上桌。

> 請注意雞胸肉不可煎太久，以免肉煎得太老。放進冷的平底鍋裡再慢慢加熱，煎到整片雞胸肉約1/3變白再後翻面。

小喵式的減肥 POINT

在雞肉比較厚的部分垂直地劃一刀，切到達厚度的一半左右。

從切開的部分把菜刀拿橫地下刀，以減少厚度的方式剖開。這樣可以讓肉的厚度變均勻，有助於短時間內煎熟。

BEST 3 青椒炒肉絲

老公喜歡的 最強20道菜

用豆芽菜來做
一只平底鍋就能輕鬆搞定

即使沒有竹筍，
也可以改用豆芽菜來做，
反而更好吃了！

1人份
含醣量 4.8g
熱量 336kcal

調理時間 15分

材料（2人份）

豬五花肉片…100g
A｜醬油 1/4 小匙，
　｜鹽、胡椒各少許
豆皮…1 片
青椒…3 個
豆芽菜…1 袋
麻油…1 大匙
生薑、大蒜末
…各 1/2 小匙
B｜蠔油 1/2 大匙、
　｜雞湯粉 1 小匙
鹽、黑胡椒粒…各少許

作法

1 把 A 料的鹽、胡椒撒在豬肉上，再淋上醬油，抓揉入味。青椒直切成 2cm 寬；豆皮橫切成 1cm 寬。

2 平底鍋不放油，直接放入豆皮，炒到略顯酥脆後先拿出來。

3 麻油倒進同一只平底鍋裡，加入生薑和大蒜，開小火加熱，炒到散發出香味後轉中火，再倒入 **1** 的豬肉拌炒，炒到豬肉變色，依序加入青椒、豆芽菜，待所有的食材都吃到油，再加入 **2** 和 B 料拌炒均勻，以鹽、黑胡椒粒調味。

> 請先用小火仔細地拌炒生薑和大蒜，炒到散發出香味，再加豬肉拌炒。為了避免豆芽菜出水，請等到豆芽菜都沾到油再加入調味料。

柑橘醋雞肉披薩

按一下微波爐＋4種材料
＝美味絕倫

1人份
含醣量 **1.6**g
熱量 **464**kcal

減醣生活還是可以吃起司。
因為肉被敲扁了，
看起來很大塊。

調理時間 **10**分

材料（1～2人份）

雞胸肉…1片（約300g）
紫蘇…5大片
披薩用起司…30g
柑橘醋醬油…1/2大匙

作法

1. 雞肉對半剖開（參照P.25），蓋上保鮮膜，用撖麵棍敲到剩下1cm左右的厚度。

2. 把步驟1敲好的雞肉片放進稍微深一點的耐熱容器裡，當作披薩皮，淋上柑橘醋醬油，放上紫蘇，均勻地撒上起司。

3. 鬆鬆地罩上一層保鮮膜，放進微波爐加熱4分30秒。

此處加上了生菜和小番茄

微辣韭菜拌雞胸

BEST 5 老公喜歡的 最強20道菜

令人一吃就上癮
停、停、停不下來～～的雞胸肉！

1人份
含醣量 **2.0**g
熱量 **303**kcal

哇～～
好辣但是好好吃！
雞肉切成大塊，
軟軟地很容易入口。

調理時間 **10**分

材料（2人份）

雞胸肉…1片（約300g）
A｜鹽、胡椒粉各少許
B｜韭菜（切成1cm長）1/4把，炒過的白芝麻2小匙，大蒜末....適量，醬油1大匙，麻油、柑橘醋醬油各1/2大匙，豆瓣醬1/2小匙
沙拉油…1/2大匙

作法

1. 雞肉垂直切成兩半，再斜切成8mm～1cm厚的片狀，撒上 **A** 料；把 **B** 料倒進大碗裡，混合攪拌均勻。

2. 用中火加熱平底鍋裡的沙拉油，放入雞肉，兩面煎成金黃色至熟，盛入盤中，淋上步驟 1 的醬料。

> 也可以為雞肉鬆鬆地罩上一層保鮮膜微波至熟，視狀態調整加熱時間。

BEST 6
蒜香鹽燒翅小腿

老公喜歡的　最強20道菜

老公讚不絕口！
只要揉一揉再煎熟即可

1人份
含醣量 **3.0**g
熱量 **497**kcal

麻油香氣四溢，
就連原本認為
吃帶骨雞肉很麻煩的
老公也是一吃就停不下來。

調理時間 **15**分
＊扣除醃漬的時間

材料（2人份）

翅小腿…10隻
A｜大蒜末適量，雞湯粉1大匙，鹽、胡椒粉各少許
麻油…2大匙
白煮蛋（切成兩半）…2個

作法

1. 以廚房專用剪刀順著骨頭在翅小腿的兩側劃刀。

2. 把翅小腿和 A 料放進平底鍋裡，用手徹底地揉捏入味，靜置10分鐘左右。

3. 將翅小腿帶皮那一面朝下，以中火加熱，從平底鍋邊緣倒入麻油且雞肉不時翻面，煎到整體呈金黃色，再轉小火，蓋上鍋蓋，燜3分鐘，盛入盤中，放上白煮蛋即可。

翅小腿如果不事先劃幾刀會不容易入味，也熟透得比較慢，但是用菜刀又很麻煩，所以使用廚房專用剪刀更方便。

PART **1** 最強減肥菜單 BEST 20

From 老公♥
這個好好吃啊！
好好吃啊！！
（結果吃了 7 隻）

BEST 7 蒜香美乃滋雞胸

老公喜歡的　最強20道菜

作法超簡單～～
綠花椰菜與雞胸肉的無限沙拉

1人份
含醣量 **1.9**g
熱量 **354**kcal

使用了橄欖油與
美乃滋的雙重美味，
只要攪拌均勻
就能令人吮指回味。

調理時間
10分

材料（2人份）

雞胸肉…1片（約300g）
鹽…適量
米酒…1小匙
綠花椰菜…160g
A｜美乃滋～1又1/2大匙，蒸雞肉的湯、橄欖油各1大匙，大蒜末….1小匙
黑胡椒粒…少許

作法

1 雞肉對半剖開（作法參照P.25）抹上1小匙鹽，揉捏入味，攤開放進耐熱容器裡，淋上米酒，鬆鬆地罩上一層保鮮膜，用微波爐加熱4分30秒，靜置放涼；倒出1大匙蒸雞肉的湯備用。

2 綠花椰菜撕成小朵，放進另一個耐熱容器，鬆鬆地罩上一層保鮮膜，用微波爐加熱3分30秒，靜置放涼。再以廚房專用紙巾吸乾水分，撒少許鹽。

3 A料倒進大碗裡拌勻，加入撕碎的雞肉，再加入綠花椰菜，攪拌均勻。盛入盤中，撒上黑胡椒粒即可。

From 老公 ♥
綠花椰菜鬆軟可口，雞胸肉也蒸到鬆軟可口！

PART 1 最強減肥菜單 BEST 20

BEST 8

老公喜歡的　最強20道菜

咖哩醬油炒豬五花肉

充滿菇類的膳食纖維

只要少量的咖哩粉和醬油和鹽，<u>將調味料減到最少。</u>可以吃到滿滿的菇類。

1人份
含醣量 **4.6g**
熱量 **402kcal**

調理時間 **10分**

材料（2人份）

豬五花肉片…200g
A｜鹽、胡椒粉各少許
金針菇…1袋（約180g）
鴻喜菇…1包（約100g）
B｜咖哩粉、醬油各1小匙，鹽1/3小匙
黑胡椒粒…少許

作法

1 將 **A** 料撒在豬肉片上稍微醃漬。金針菇切去根部，切成兩等分，撥散。鴻喜菇切除蒂頭，撕成小撮。**B** 料先攪拌均勻、備用。

2 把豬肉片放進平底鍋裡拌炒，炒到肉變色以後，再加入所有的菇類拌炒，炒軟後加入 **B** 料拌炒均勻，最後再撒上黑胡椒粒即可。

PART 1 最強減吧菜單 BEST 20

From 老公 ♥
讓人想起（現在暫時不能吃）心愛的咖哩飯。笑

BEST 9 鹽檸檬雞肉

老公喜歡的 最強20道菜

明明很簡單卻好吃到不行！

完美的減醣菜單
雞肉請仔細地煎出金黃色喔。

1人份
含醣量 **0.6g**
熱量 **516 kcal**

調理時間 **15分**

材料（1～2人份）

雞腿肉…1大片（約350g）
鹽…1/2小匙
檸檬汁…1/2大匙

作法

1. 雞肉對半剖開（參照P.25）讓厚度平均，刮除黃色的脂肪，兩面都抹上鹽，再淋上檸檬汁。

2. 將雞肉帶皮的那一面朝下放進平底鍋，以中火加熱。過程中要邊煎邊用鍋鏟用力按壓。煎出漂亮的金黃色後再翻面，轉小火繼續煎5分鐘。

> 不用加油，只利用雞肉本身的雞油來煎。過程中要邊煎邊用鍋鏟用力按壓。

此處加上了生菜和小番茄

From 老公
其實我不太喜歡檸檬的味道……可是，這道菜吃起來還真不賴！

PART 1 最強減肥菜單 BEST 20

BEST 10 老公喜歡的 最強20道菜

肉蛋丸子

用豬肉片和雞蛋做成的丸子
也很適合帶便當

1人份
含醣量 **0.4g**
熱量 **419** kcal

蛋很有飽足感，
是減肥的好幫手。
也不會出水，
所以很適合帶便當。

調理時間 **20**分

材料（1～2人份）

白煮蛋…4個
豬五花薄切肉片…120～150g
沙拉油…1小匙
鹽…適量
柴魚片…1.2g

作法

1 白煮蛋剝殼。豬肉如果太長的話請切成兩半，垂直攤平，把蛋放上去，用豬肉片把蛋捲起來。

2 平底鍋倒入的沙拉油，以中火加熱，把步驟 **1** 捲好的那一面朝下排入平底鍋，不時翻面，煎到整個呈現漂亮的金黃色。如果擔心煎不熟，可以蓋上鍋蓋。關火後均勻地撒上鹽巴，再撒上柴魚片。

> 用肉片把蛋捲捲捲，直到看不見蛋白，這樣就會很好看。

PART **1**

最強減肥菜單 BEST 20

From
老公 ♥
這道真不錯！柴魚片發揮了很好的效果。

41

BEST 11 咖哩起司雞

老公喜歡的　最強20道菜

只要抓揉入味後再煎熟
連孩子也非常愛吃

1人份
含醣量 **0.4g**
熱量 **364 kcal**

一開始就撒起司粉，
起鍋的時候再撒一點。
撒了兩次起司粉
可以製造出濃郁感，
小朋友也很愛吃

調理時間 **20分**

材料（2人份）

雞腿肉
…1片（約300g）
鹽、胡椒粉…各少許
咖哩粉…1小匙
起司粉…適量
橄欖油…2大匙

作法

1. 雞肉切成一口大小，加進大碗裡。抹上鹽、胡椒粉，再撒上咖哩粉，稍微揉捏一下，加入1大匙起司粉攪拌均勻。

2. 以中火加熱平底鍋裡的橄欖油，把雞肉帶皮的那一面朝下放進鍋裡，煎到呈現出漂亮的金黃色再翻面，火改轉小一點，以同樣的方式煎好另一面再關火。

3. 取出雞肉，把油瀝乾，盛入盤中，最後再撒上適量的起司粉即可。

> 可以用多一點橄欖油下去煎，就可以煎出酥脆的口感。

PART 1

最強減肥菜單 BEST 20

> **From 老公** ♥
> 最喜歡吃咖哩，
> 真是太開心了！
> 感覺就像平常吃
> 的咖哩雞！

此處加上了水菜

BEST 12 鹽起司韓國烤肉

老公喜歡的 最強20道菜

只要一只平底鍋就能輕鬆搞定

起司入口即化的感覺令人欲罷不能！
肉和蔬菜分開來炒就能炒得脆脆的

1人份
含醣量 **3.5g**
熱量 **467kcal**

調理時間 **15分**

材料（2人份）

雞腿肉…1片（約300g）
鹽、胡椒粉…各適量
披薩用起司…100g
高麗菜…1/8個（約150g）
鴻喜菇…1/2包（約50g）
沙拉油…1/2大匙

作法

1 雞肉切成小一點的一口大小，撒上1/4小匙鹽，抓揉入味，再撒上少許的胡椒粉；高麗菜切成1cm寬；鴻喜菇切除蒂頭，撕成小撮。

2 將沙拉油倒進平底鍋裡，雞肉帶皮的那一面朝下放進去，開中火將兩面煎成金黃色，取出備用。

3 把高麗菜和鴻喜菇放入平底鍋裡，撒上鹽、胡椒粉各少許，稍微拌炒一下，再放入煎至金黃色的雞腿肉，轉小火，蓋上鍋蓋，燜2～3分鐘。將材料移到鍋邊，倒入起司粉，再燜煮一下，烤到起司融化即可關火。

> 雞肉的兩面都煎至半熟的狀態就可以先取出來了。重點在於要撒上大量的起司！

From 老公♥
與平底鍋一起上桌也太豪邁了！

PART 1
最強減肥菜單 BEST

BEST 13 法式芥末燒雞

老公喜歡的 最強20道菜

就算不加蜂蜜
也十分美味

以少許味醂取代蜂蜜，
可以降低黃芥末的辣度，
使風味更加溫和。

1人份
含醣量 **1.8g**
熱量 **237 kcal**

調理時間 **10分**

材料（2人份）

雞腿肉…1小片（約250g）
鹽、胡椒粉…各少許
奶油…10g
A│法式芥末籽 1/2 大匙、味醂 1 小匙
乾燥巴西里…適量（視個人口味）

作法

1. 可先切除雞肉上多餘的脂肪，切成一口大小，撒上鹽、胡椒粉。

2. 將奶油放進平底鍋裡，以小火加熱，等到奶油融化後，把雞肉帶皮的那一面朝下放進鍋裡，用中火煎，煎出漂亮的金黃色後再翻面，轉小火，蓋上鍋蓋，燜4分鐘，拿出來盛入盤中。

3. 把 A 料放進同一只平底鍋裡拌勻，開小火，煮滾後再關火。淋在雞肉上，依個人口味撒上一些乾燥的巴西里。

PART 1 最強減肥菜單 BEST 20

From 老公♥
（雖然……沒有加入蜂蜜）但其實已經夠好吃了！！

此處加上了高麗菜和小番茄

BEST 14 麻辣蘿蔔燉肉

老公喜歡的 最強20道菜

嗜辣的人
全都聞香而來

風味蔬菜要分開來炒，
確實地炒出香味來～
又辣又好吃～
也很適合用來下酒！

1人份
含醣量 **4.9g**
熱量 **321 kcal**

調理時間 **15分**

材料（2人份）

豬里脊肉片…200g
鹽、胡椒粉…各少許
醬油…1小匙
蘿蔔…200g
沙拉油…2又1/2大匙
A ┃ 紅辣椒（剔除籽後切碎）1根，生薑末、大蒜末各1小匙
豆瓣醬…1小匙
七味辣椒粉…1/2小匙

作法

1. 豬肉撒上鹽、胡椒粉，淋上醬油，抓揉入味，靜置10分鐘；蘿蔔切成1～2mm的三角形。

2. 用中火加熱平底鍋裡的1/2大匙沙拉油，加入豬肉片和蘿蔔拌炒，炒軟後取出來備用。

3. 補2大匙沙拉油到同一只平底鍋裡，加入 **A** 料，以小火拌炒，炒到散發出香味後，再加入豆瓣醬繼續拌炒，加入1大匙水（份量另計）稀釋，再加七味辣椒粉攪拌均勻。倒回 **2**，稍微再炒一下就關火。

From 老公♥
好辣！可是又忍不住一口接一口……

PART 1 最強減肥菜單 BEST 20

BEST 15 鹽焗叉燒

老公喜歡的 最強20道菜

讓肉汁橫流原來這麼簡單
用微波爐就可以料理囉

只要抹上**鹽**、**胡椒粉**和**生薑**微波即可，甚至不需要拿出鍋子

1人份
含醣量 **0.3**g
熱量 **340**kcal

調理時間 **15**分

材料（2人份）

豬肩里脊肉塊…300g
鹽…2/3 小匙
胡椒粉…少許
生薑末…1/2 小匙

作法

1. 事先讓豬肉回復室溫，依序均勻地抹上鹽、胡椒粉、生薑末。

2. 把醃好的豬肉放進耐熱容器中，上面鬆鬆地罩上一層保鮮膜，放進微波爐加熱 5 分鐘。拿出來翻面，再罩上保鮮膜，繼續加熱 5～6 分鐘。放涼之後切成薄片即可盛入盤中。

> 用牙籤戳戳看，只要流出透明的汁液即可。萬一流出血水，請視狀況增加加熱的時間。

From 老公♥

叉燒！我這輩子最愛的食物……

此處加上了水菜

BEST 16 韭菜炒雞

老公喜歡的　最強20道菜

用平底鍋10分鐘就能完成
色香味美又營養均衡

不是豬肝韭菜，
而是雞肉韭菜。
雞肉吃起來
也比較有飽足感！

1人份
含醣量 **3.8g**
熱量 **295 kcal**

調理時間 **10分**

材料（2人份）

雞腿肉
…1片（約300g）
鹽、胡椒粉…各適量
韭菜…1把
麻油…1/2 大匙
A│ 醬油1大匙、蠔油1小匙、大蒜末適量
豆芽菜…1/2 包

作法

1. 把雞肉切成方便食用的大小，均勻地撒上鹽、胡椒粉；韭菜切成5cm長段。

2. 以中火加熱平底鍋裡的麻油，將 1 的雞肉帶皮那面朝下放入鍋中，煎到呈現出金黃色再翻面，保持中火，蓋上鍋蓋，燜2〜3分鐘。

3. 加入韭菜和豆芽菜拌炒均勻，再以畫圓的方式倒入攪拌均勻的 **A** 料，仔細地拌炒到食材皆充分裹上醬汁。

> 炒完雞肉，不用擦乾鍋裡的油，直接炒蔬菜。
> 雞肉要仔細地抹鹽、胡椒粉調味。

From 老公 🩷

韭菜和豆芽菜竟然比雞肉好吃！（稱讚了韭菜和豆芽菜w）

PART **1** 最強減肥菜單 BEST 20

BEST 17

老公喜歡的 最強20道菜

柑橘醋蛋包菇菇豬

只要切開就好的吃法
讓人莫名著迷

變得柔軟多汁的菇類
吸收了奶油與豬肉的清甜，
與柑橘醋也很對味。

1人份
含醣量 **3.3g**
熱量 **538**kcal

調理時間 **15**分

材料（1人份）

豬五花肉片⋯100g
鹽、胡椒粉⋯各少許
蛋⋯1個
金針菇⋯1/2袋
杏鮑菇⋯中型1根
奶油⋯10g
珠蔥（切成蔥花）、
柑橘醋醬油⋯各適量

作法

1 豬肉撒上鹽、胡椒粉；金針菇切除蒂頭，撥散；杏鮑菇切成4等分。

2 依序在錫箔紙上放入 **1** 的金針菇、豬肉，再把奶油分散放在幾個地方，在外圍放上 **1** 的杏鮑菇，把蛋打在中央，用錫箔紙包起來，放進平底鍋裡，蓋上鍋蓋，用稍強的小火加熱6分鐘左右。打開錫箔紙，只要蛋白凝固就完成了。最後再撒上蔥花，淋上柑橘醋醬油。

> **From 老公** 💕
> 變得柔軟多汁的菇類吸收了奶油與豬肉的清甜，與柑橘醋也很對味。

PART 1 最強減肥菜單 BEST 20

BEST 18 鹽煮蘿蔔雞

老公喜歡的 最強20道菜

無需高湯就非常可口又優雅的風味

由於湯底充滿了雞肉菁華，<u>不需用柴魚片或昆布熬湯</u>也能煮出優雅細緻的風味。

1人份
含醣量 **3.1**g
熱量 **319** kcal

調理時間 **20**分

材料（2人份）

雞腿肉…1大片（約350g）
鹽…1小匙
蘿蔔…250g
A｜生薑末1小匙，米酒1大匙，水2又1/2杯

作法

1. 雞肉切成一口大小，放進大碗中，加鹽醃漬入味；蘿蔔切小一點的滾刀塊。

2. 把 A 料倒進鍋子裡，加入雞肉丁，開大火，煮滾後再轉小火，撈除浮沫，雞肉翻面。加入蘿蔔塊，轉中火，蓋上鍋蓋煮8～10分鐘後關火，不要掀開鍋蓋，燜到適溫就能吃了。

> 蘿蔔切成小一點的滾刀塊比較容易入味。剩下的湯汁再加點水一起煮，就成了一道湯。

From 老公 好像京都那種只接熟客的餐廳會出現的食物。

BEST 19

老公喜歡的最強20道菜

醬炒豬五花茄子

用一只平底鍋
就能輕鬆搞定

軟綿的茄子與豬肉
簡直是天作之合！
肉溢出的油脂
也是美味的要素。
調味料相當簡單

1人份
含醣量 **3.5g**
熱量 **508kcal**

調理時間 **10分**

材料（2人份）

豬五花肉片…200g
鹽、胡椒粉…各適量
茄子…2條
蒜頭（切成碎末）…1瓣
麻油…2大匙
醬油…2/3大匙
白芝麻（熟）、七味辣椒粉…各適量

作法

1. 豬肉片均勻地抹上鹽、胡椒粉醃漬；茄子直切成兩半，再切成4等分。
2. 將麻油與蒜末放進平底鍋裡，小火爆香，轉中火，加入豬肉片拌炒，炒到肉稍微變色，再加入茄子拌炒。
3. 炒軟後均勻地淋上醬油炒勻。關火後撒上芝麻，依個人口味加點七味辣椒粉即可。

From 老公 ♥

這道菜絕對不會出錯。豬五花是中心打者（動不動就拿棒球打比方）

PART **1**

最強減肥菜單 BEST 20

BEST 20

老公喜歡的 最強20道菜

鹽燒雞佐秋葵醬

醬汁清爽又美味

秋葵醬只要切碎，再以微波爐加熱，攪拌均勻即可。
請把雞肉煎得噴香酥脆

1人份
含醣量 **2.5g**
熱量 **299** kcal

調理時間 **15** 分

材料（2人份）

雞腿肉…1片（約300g）
鹽、胡椒粉…各少許
秋葵…8根（約80g）
A｜橄欖油、醋各1大匙，醬油1/2大匙，生薑末適量
高麗菜（切絲）…適量

作法

1. 雞肉切成便於入口的大小，均勻地抹上鹽、胡椒粉。
2. 把雞肉帶皮的那一面朝下放進平底鍋裡，以中火加熱，煎到呈現漂亮的金黃色後翻面，轉小火，以同樣的方式煎熟另一面，取出。
3. 用煎雞肉的空檔製作秋葵醬。把秋葵放進耐熱容器裡，鬆鬆地罩上一層保鮮膜，放進微波爐加熱1分鐘、放涼，切除蒂頭，秋葵切5mm寬大小，放進大碗裡，加入 **A** 料攪拌均勻。
4. 把高麗菜和煎好的雞肉塊放進盤子裡，淋上秋葵醬即可。

PART
1
最強減肥菜單 BEST 20

From 老公
滿滿的秋葵醬
真是太迷人了

PART 2

添加了
豆渣粉的
美味瘦身料理

不僅有飽足感，還有瘦身的效果！

讓老公讚不絕口的就是「豆渣粉」，可以讓你有不容小覷的飽足感！能讓瘦身的人感到吃飽，這真是太神奇了！除此之外，豆渣粉還具有幫助排便的效果，如今已經成為我們家不可或缺的食材了。

低醣減肥的祕密武器！
豆渣粉的 4 大優勢

我們家的低醣減肥菜單之所以能順利推行，豆渣粉功不可沒。
以下為各位介紹需要一點技巧的使用方法。

1. 豆渣粉是豆腐的衍生物，含有豐富的膳食纖維

「豆渣粉」是由製作豆腐時產生的豆腐渣脫水乾燥而成。雖然是黃豆的殘渣，但營養價值及健康效果備受矚目。含醣量極低（100g 的含醣量約 9g），富含膳食纖維，還有大量的蛋白質及胺基酸，因此是可以善用在低醣減肥菜單中的食材。

小喵式的 豆渣粉用法 1

加到沙拉醬或醬汁裡
直接加到沙拉醬或醬汁裡，較容易與食材合而為一。

小喵式的 豆渣粉用法 2

加到湯裡
加到湯裡，藉此增加份量，提升飽足感。

2. 以放進湯裡，也可以撒在沙拉上。不用加熱就可以直接吃

豆渣粉幾乎沒味道，只有少許黃豆特有的氣味，但是混在菜裡就吃不太出來了。不用加熱就能吃，所以請先放在餐桌上，可以加在味噌湯等湯品裡，也可以撒在沙拉上或拌進優格來吃，很容易攝取。

小喵式的
豆渣粉用法 3

3 具有吸收水分會膨脹的性質，最好與水分一起吸收

豆渣粉能吸收重量相當於 4～5 倍的水分，還會在肚子裡膨脹，所以能夠得到飽足感。用來做菜的時候，沙沙的不太好吃，建議與大量的水分一起攝取。

加到炒菜、涼拌菜裡
加到炒菜、涼拌菜裡，可以降低菜裡的水分，讓風味更佳。

PART 2　添加了豆渣粉的美味瘦身料理

小喵式的
豆渣粉用法 4

做成油炸食物的麵衣
做成麵衣，炸得香香脆脆。也可以混到絞肉裡，做成漢堡排等等。

4 吃習慣以後，不妨運用在餐點中

習慣加進平常吃的餐點以後，就跟麵粉或太白粉一樣，可以做成油炸的麵衣，也可以加進漢堡肉裡，用來做菜。只不過，因為不像麵粉那樣含有麩質（製造出黏性的蛋白質），粉粉地不適合做為食材的「接著劑」。所以不妨加一點太白粉，或是配合蛋使用等等，多下一點工夫。

65

♡添加了可以降低醣份、健胃整腸的豆渣粉♡

多汁美味的經典漢堡排

豆渣粉和豆腐兩種都用上了,膨鬆柔軟又多汁,而且份量十足。
光是看到就能讓人眼睛為之一亮。

調理時間 **20**分

材料(2人份)

A | 豬絞肉 300g,嫩豆腐 1/2 塊(約 150g),蛋 1 個,豆渣粉 2 大匙,醬油 1 小匙,鹽、胡椒粉各少許

沙拉油…1/2 大匙
蘿蔔泥、紫蘇…各適量
柑橘醋醬油…少許

作法

1. 把 A 料放進大碗裡攪拌均勻至肉稍有黏性,分成 2 等份,捏成橢圓形肉餅。

2. 用中火加熱平底鍋裡的沙拉油,放入肉餅。轉成中小火,蓋上鍋蓋,煎 5 分鐘。翻面,再蓋上鍋蓋,燜 5 分鐘。

3. 將煎熟的肉餅盛入盤中,依序放上紫蘇、蘿蔔泥,再淋上柑橘醋醬油即可。

> 由於漢堡排已經調味過了,請視個人口味增減柑橘醋醬油的用量。

在這裡加入!

豆渣粉會吸水,還以為漢堡排會硬邦邦,沒想到豆腐的水分讓漢堡排變得膨鬆柔軟極了。豆腐不需要瀝乾水分。

From 老公

吃起來還挺有份量的呢！到底加了多少豆渣粉啊？

PART 2

添加了豆渣粉的美味瘦身料理

1人份
含醣量 **3.3**g
熱量 **475**kcal

此處加上了水菜

67

From 老公♥
明明是涼拌菜，卻有肉，真是太妙了！豆渣粉也很涮嘴！

1人份
含醣量 **2.8g**
熱量 **237kcal**

♡ 不用菜刀和砧板，只要放進微波爐 10 分鐘 ♡

中式涼拌豬肉豆芽菜

把豆芽菜和豬肉全部丟進去直接微波！
豆渣粉會吸水，所以不需要太多調味料。

調理時間 **10 分**

材料（2 人份）

豬里脊肉片…150g
鹽、胡椒…各適量
豆芽菜…1 袋（約 200g）
A ｜ 豆渣粉 1 大匙，大蒜（軟管裝）2cm，麻油、雞湯粉各 1/2 大匙，醬油 1/2 小匙
珠蔥（切成蔥花）…適量

作法

1. 豬肉如果太大片的話，請切成便於入口的大小，撒上鹽、胡椒各少許。依序將豬肉、豆芽菜放進耐熱碗，鬆鬆地罩上一層保鮮膜，用微波爐加熱 5～6 分鐘。

2. 取出熟透的豬肉，徹底瀝乾水分。加入 A 料攪拌均勻，再以鹽、胡椒各少許調味。盛入盤中，再撒點蔥花更好吃。

> 也可以用豬五花肉。肉只要有熟就好，所以請自行調整加熱時間。

在這裡加入！

加熱後，先徹底地瀝乾水分，再加入豆渣粉。豆腐渣會吸收調味料，只要一點點就能讓味道產生變化。

PART 2　添加了豆渣粉的美味瘦身料理

♡ 用豆渣粉也可以做炸雞或是其他炸物料理 ♡

吃了不變胖的炸雞塊

在豆渣粉裡加入太白粉,彌補豆腐渣特有的不易沾黏問題。
吃完再過一會兒,就會覺得吃飽了。

調理時間 **15**分
＊扣除醃漬的時間

材料(2人份)

雞腿肉
…1大片(約350g)

A｜生薑末....1小匙,米酒、醬油各1大匙,麻油1/2大匙,鹽、胡椒粉各少許

B｜豆渣粉3大匙、太白粉1大匙

炸油…適量

作法

1. 以2～3cm的間隔在雞肉上劃出刀痕,直至厚度的一半左右,再切成一口大小。

2. 將 1 和 A 料放進夾鏈袋,充分揉捏入味,靜置20分鐘左右。

3. 把 B 料放進大鐵盤裡,攪拌均勻。稍微瀝乾 2 的水分,撒上混合拌勻的兩種粉。將炸油倒進平底鍋裡達1cm高,以中火加熱。稍微拍掉雞肉上多餘的粉,放進鍋子裡,不要一直翻動,炸4～5分鐘後再翻面,繼續炸2～3分鐘,直到另一面也炸成金黃色。如果側面白白的,也要炸出焦色。把油充分瀝乾,盛入盤中。

＼在這裡加入！／

豆渣粉會吸水,還以為漢堡排會硬邦邦,沒想到豆腐的水分讓漢堡排變得膨鬆柔軟極了。豆腐不需要瀝乾水分。

此處加上了生菜和小番茄

From 老公 ♥
我才不管麵衣是不是豆渣粉,好吃就行了!

PART 2
添加了豆渣粉的美味瘦身料理

1人份
含醣量 **6.3**g
熱量 **452** kcal

From
老公 ♥

這款醬料好好吃啊！（淋上好多醬汁，一個人就吃掉 1/4 個萵苣）

1人份
含醣量 **3.7**g
熱量 **315**kcal

♡ 用微波爐 10 分鐘簡單好 ♡

萵苣包鮮嫩雞胸肉

把雞胸肉放在萵苣上，佐蔥花味噌醬更清爽好吃，
讓人一口接一口。

調理時間 **10** 分

材料（2人份）

雞胸肉…1 片（約 300g）
豆渣粉、鹽…各少許
米酒…1 小匙

A | 珠蔥（切成蔥花）、蒸雞肉的湯汁各 2 大匙，豆渣粉 2 小匙，炒過的白芝麻 1/2 小匙，味噌 1 大匙，美乃滋 1 小匙

萵苣…適量

作法

1. 雞肉兩面都抹上一層薄薄的鹽，撒上豆渣粉，放進耐熱容器，淋上米酒，鬆鬆地罩上一層保鮮膜，用微波爐加熱 4 分鐘。拿出來，翻面，再包回保鮮膜，繼續加熱 2 分鐘，然後靜置放涼。取出 2 大匙蒸雞肉的湯汁備用。

2. 把 A 料和蒸雞肉的湯汁放進大碗裡攪拌均勻為蔥花味噌醬。將雞肉斜切成 1cm 厚的片狀，放進另一個盤子。可把蒸熟的雞胸肉放在萵苣上，沾醬汁來吃。

> 萬一加熱過頭雞胸肉會變得乾澀，所以請自行調整加熱時間。

\ 在這裡加入！/

在醬料裡加入豆渣粉，藉此增加份量感。還可以沾蒸蔬菜來吃，也可以淋在涼拌豆腐上。

PART 2　添加了豆渣粉的美味瘦身料理

♡ 經典又標準的料理也都添加豆渣粉 ♡

檸檬奶油煎鮭魚

魚均勻地抹上豆渣粉後再小火煎熟，
魚肉口感酥脆噴香，好好吃！

調理時間 **10** 分

材料（2人份）

鮭魚（切片）⋯2片
鹽、胡椒粉⋯各少許
豆渣粉⋯1/2 小匙
沙拉油⋯1/2 大匙
A ｜ 奶油 15g，
　｜ 檸檬汁 1 小匙
檸檬切片⋯2 片

作法

1. 鮭魚抹上鹽、胡椒粉，以及豆渣粉。

2. 以中火加熱平底鍋裡的沙拉油，把鮭魚魚皮朝下放進鍋子裡，煎到呈現出漂亮的金黃色再翻面，另一面也以同樣的方式煎好後拿出來，盛入盤中。

3. 以廚房專用紙巾擦拭同一只平底鍋，放入 A 料煮至奶油融化，即可把醬汁淋在鮭魚上，放上檸檬片。

在這裡加入！

豆渣粉很容易燒焦，所以用均勻地撒上薄薄一層即可，不要太厚就不容易結成一塊。

此處加上了生菜和小番茄

From 老公♥
真是賞心悅目又經典的美味料理啊！

PART 2 添加了豆渣粉的美味瘦身料理

1人份
含醣量 **1.1**g
熱量 **206** kcal

From 老公♥
這種迷你漢堡排好好吃啊！（其實是肉丸，但老公都管它叫漢堡排 >.<）

1人份
含醣量 **3.0**g
熱量 **437** kcal

♡減肥期間也能吃得飽♡

鮮味青蔥拌小肉丸

拜加入了一整根蔥所賜，就算調味料只有鹽，
也不會覺得不夠味。

調理時間 **10**分

材料（2人份）

豬絞肉…300g
蔥…1根（蔥白部分）
A｜蛋1個，豆渣粉2大匙，生薑末、鹽各1/2小匙
沙拉油…1/2大匙
珠蔥（切成蔥花）…適量

作法

1. 蔥切成碎末。把蔥、絞肉、**A**料全部放進大碗裡，充分攪拌均勻，揉成3cm左右的球狀肉丸。

2. 以中火加熱平底鍋裡的沙拉油，並排放入小肉丸，一邊煎一邊不時翻面，煎至金黃酥脆後再蓋上鍋蓋，以小火燜煮5分鐘至熟。

3. 把肉丸子盛入盤中，撒上蔥花。

> 直接這樣吃就很美味，肉丸也可以加到湯裡。

PART **2** 添加了豆渣粉的美味瘦身料理

♡ 也可以加進涼拌豆腐或蛋捲裡，吃法千變萬化 ♡

清爽的鹽味肉鬆

調理時間 **10**分

材料（2人份）

豬絞肉…300g
豆渣粉…3大匙
鹽…適量(不到1小匙)
麻油…1大匙

作法

1. 把所有的材料放進耐熱容器裡攪拌均勻。

2. 鬆鬆地罩上一層保鮮膜，放進微波爐加熱5分鐘，加熱後充分攪拌均勻。

> 肉鬆可以直接吃，也可以撒在涼拌豆腐上或加入蛋捲及湯、炒青菜裡，用途廣泛！由於是以鹽味為基底，與各種料理都很對味，事先做起來也很方便。

From 老公♥
只要把這玩意兒加到湯裡，立刻就能增加飽足感！還能讓滋味變得更豐富！

1人份
含醣量 **2.6g**
熱量 **868** kcal

From 老公♥

起司多一點更好吃。吃完飯再過一會兒，就能感受到豆渣粉帶來的飽足感！

材料（2人份）

A ｜ 蛋2個（約130g），牛奶2大匙，鹽、胡椒粉各少許

豆渣粉…2小匙
披薩用起司…15g（約1小撮）

作法

1. 把 A 料放進大碗裡，充分攪拌均勻。
2. 依序加入豆渣粉、起司，每次都要攪拌均勻。
3. 把 2 倒進馬克杯，鬆鬆地罩上一層保鮮膜，放進微波爐加熱1分30秒～2分鐘。

> 加入豆渣粉很容易變得沙沙的，所以請先用微波爐加熱1分30秒左右，觀察一下狀態，再繼續加熱。

1人份
含醣量 **7.8g**
熱量 **534kcal**

PART 2 添加了豆渣粉的美味瘦身料理

♡拌一拌就可以了，做法簡單而且份量十足，適合當早餐♡

馬克杯起司蛋捲

調理時間 **5分**

♡ 健康又美味異國風味料理 ♡

南蠻風雞胸肉

豆渣粉不僅拍在肉上，還能使用在塔塔醬裡，
做成一道份量十足的配菜。

調理時間
10 分

材料（2 人份）

雞胸肉⋯1 片（約 300g）
鹽、胡椒粉⋯各少許
豆渣粉⋯1 大匙
白煮蛋⋯1 個
A ｜ 豆渣粉 1 小匙再多一點，美乃滋 2 又 1/2 大匙，鹽、胡椒粉各少許
乾燥巴西里（亦可省略）⋯適量
沙拉油⋯1/2 大匙

作法

1. 把雞肉斜切成 1cm 厚的片狀，抹上鹽、胡椒粉，再撒上豆渣粉；白煮蛋稍微剁碎，與 **A** 料混合攪拌均勻成醬汁。

2. 以中火加熱平底鍋裡的沙拉油，並排放入雞肉，煎到呈現金黃色再翻面，以同樣的方式煎另一面至熟。盛入盤中，淋上醬汁。再撒些乾燥的巴西里可以增色。

> 雞肉鮮斜切成片狀比較容易熟，可以迅速地做好，而且不會乾巴巴的。

此處加上了生菜和小番茄

From 老公♥
減肥期間可以吃塔塔醬真是感到賞心悅目（老公看起來好高興）

PART **2**

添加了豆渣粉的美味瘦身料理

1人份
含醣量 **1.2**g
熱量 **412** kcal

From 老公

耶～～～～
（看樣子是
樂壞了）

1人份
含醣量 **7.8**g
熱量 **792**kcal

♡ 不需要使用麵粉，減肥期間也能吃 ♡

豬五花肉高麗菜蛋餅

用豆渣粉代替麵粉，飽足感會在吃完後慢慢地湧上來。

調理時間 **20** 分

材料（容易製作的份量）

豬五花薄切肉片…60g
鹽、胡椒粉…各少許
蛋…1 個
高麗菜
…1/8 個（約 120g）
A | 蛋 2 個，豆渣粉 3 大匙，水 2 大匙，高湯粉 1/2 小匙
沙拉油…1/2 大匙
美乃滋、柴魚片、海苔粉
…各適量

作法

1. 高麗菜切絲；豬肉太長的話可切成兩半，撒上鹽、胡椒粉稍微醃漬。

2. 高麗菜、**A** 料一起放進大碗裡攪拌均勻成麵糊。

3. 以中火加熱平底鍋裡的沙拉油，以畫圓的方式倒入麵糊，放上豬肉。等到麵糊的周圍煎乾並呈現金黃色，翻面繼續煎。

4. 把蛋打在麵糊的中央，轉小火，蓋上鍋蓋燜 5 分鐘。等蛋呈現半熟狀，盛入盤中，淋上美乃滋，撒上柴魚片、海苔粉即可。

♡ 能當做配菜，或是用來帶便當 ♡

咖哩青花魚

調理時間 **10** 分

材料（1人份）

鹽漬青花魚（切片）…3片
A｜豆渣粉 1 又 1/2 大匙，
　｜咖哩粉 1 小匙
沙拉油…1/2 大匙

作法

1. 將 A 料在大碗裡混合攪拌均勻；以廚房專用紙巾拭乾青花魚的水分，魚切成 4 等分塊狀，裹上混合攪拌均勻的 A 料。

2. 以中火加熱平底鍋裡的沙拉油，青花魚的魚皮朝下放進鍋裡，煎到呈現金黃色再翻面，以同樣的方式煎好另一面即可。

> 豆渣粉乾巴巴的沒有黏性，所以在裹粉的時候請用力地按壓。

From 老公♥
減肥期間暫時不能吃咖哩飯，但是可以吃咖哩青花魚也很讓人感動。

1人份
含醣量 **1.0** g
熱量 **541** kcal

可以加上萵苣或生菜一起吃

> From 老公♥
> 煎餅好好吃啊！好好吃啊！！（樂不可支）

材料（2人份）

韭菜…1/2 把
豆芽菜…1/3 袋
A｜蛋 2 個，水 2 大匙，雞湯粉 1 小匙
豆渣粉…3 大匙
麻油…1/2 大匙
B｜醋 1 大匙，醬油、麻油、炒過的白芝麻各 1/2 大匙，辣油（視口味）少許

作法

1. 韭菜切成 5cm 長；把 A 料放進大碗裡攪拌均勻，再加入豆渣粉、韭菜和豆芽菜一起拌勻成麵糊。

2. 以中火加熱平底鍋裡的沙拉油，倒入麵糊，煎到呈現出金黃色再翻面，另一面也以同樣的方式煎好。可利用煎的時間把 B 料拌勻成沾醬。

3. 取出煎餅，切成方便食用的大小，盛入盤中，搭配沾醬一起吃。

1人份
含醣量 3.5g
熱量 224 kcal

PART 2　添加了豆渣粉的美味瘦身料理

♡ 減肥期間也能吃！♡

韭菜豆芽菜煎餅

調理時間 15分

♡吃得健康又滿意！♡

焗烤豆腐雞

不使用牛奶、麵粉的健康焗烤。
小朋友也吃得津津有味！

調理時間
30 分

材料（2 人份）

嫩豆腐…200g
雞腿肉
…1 小片（約 250g）
鹽、胡椒粉…各適量
日本油菜…2 棵
鴻喜菇…1/2 包
雞湯粉…1/2 小匙
豆渣粉…1 大匙
沙拉油…1/2 大匙
醬油…1/2 大匙
披薩用起司…35g
乾燥巴西里（有的話）
…少許

作法

1. 以兩張廚房專用紙巾包住豆腐，放進耐熱容器，用微波爐（500 瓦）加熱 3 分鐘。

2. 雞肉切成一口大小，撒上少許鹽、胡椒粉；油菜切成 3cm 長；鴻喜菇切除蒂頭，撥散。

3. 把豆腐放進大碗裡，用打蛋器充分攪拌後，加入雞湯粉拌勻；再分 3 次加入豆渣粉，每次都要攪拌均勻，再加入一點鹽調味。

4. 以中火加熱平底鍋裡的沙拉油，放入雞肉拌炒，炒到雞肉變色再加入日本油菜的莖、鴻喜菇，繼續拌炒。炒到蔬菜快熟時再倒入醬油，迅速拌炒一下。

5. 把炒好的材料平均等份倒進 2 個耐熱容器裡，淋上步驟 3 的醬料，再放上起司，放進烤箱烤 12～15 分鐘，烤到起司融化。最後可再撒上一些乾燥的巴西里。

此處加上了生菜和小番茄

From 老公♥
好好吃啊！完全吃不出來加入了豆渣粉喔！

PART **2**
添加了豆渣粉的美味輕食料理

1人份
含醣量 **3.1**g
熱量 **335**kcal

87

材料（2人份）

雞腿肉
…1大片（約350g）
鹽、胡椒粉…各少許
豆渣粉…2小匙
青椒…2個
洋蔥…1個（約200g）

A ｜ 生薑（軟管狀）1/2小匙，醬油、醋各1大匙，味醂1小匙

炒過的白芝麻（視口味）
…適量

作法

1. 青椒直切成8等分；洋蔥切成菱形；雞肉切成一口大小，撒上鹽、胡椒粉，再抹上豆渣粉；A 料放入大碗裡混合攪拌均勻，均備用。

2. 以中火加熱平底鍋，把雞肉帶皮那一面朝下放進鍋裡，煎到呈現金黃色再翻面，同樣的方式煎另一面；轉小火，加入青椒和洋蔥，蓋上鍋蓋，燜煮5分鐘。

3. 以廚房專用紙巾擦乾水分，以畫圓的方式倒入 A 料。雞肉翻面，收乾醬汁即可盛入盤中，視個人口味可撒上一點芝麻。

From 老公♥
雞皮部分最好吃了！（……重點好像不在這裡吧！）

1人份
含醣量 **10.6g**
熱量 **331** kcal

♡ 酸香開胃的一道料理 ♡

調理時間
15分

薑醋醬油炒雞肉

♡ 裹上豆渣粉可以讓豬肉更容易吸附醬汁，美味無比～ ♡

肉丸佐美乃滋醬

調理時間 15分

From 老公♥
豆芽菜好好吃！肉丸也很好吃！

材料（2人份）

豬絞肉…220g
A│醬油1小匙，鹽、胡椒粉各少許
豆渣粉…適量
美乃滋…1又1/2大匙
豆芽菜…1袋
鹽、胡椒粉…各少許

作法

1. 把豬肉放進大碗裡，加入A料拌勻靜置5分鐘，醃漬入味，再分揉成2～3cm的球狀，表面裹上豆渣粉。

2. 以中小火加熱平底鍋裡的1大匙美乃滋，倒入肉丸一起煎，不時翻面直到豬肉均勻受熱，再加入剩下的美乃滋，邊炒邊讓豬肉沾上美乃滋。轉小火，蓋上鍋蓋，燜煮3分鐘，取出，盛入盤中。

3. 再用同一個平底鍋炒熟豆芽菜，撒上鹽、胡椒粉調味後即可放在肉丸旁邊。

1人份
含醣量 2.6g
熱量 381 kcal

PART 2　添加了豆渣粉的美味瘦身料理

From 老公 ♥
我最喜歡豆苗了！

1人份
含醣量 **0.7**g
熱量 **115** kcal

♡明明很簡單卻又美味絕倫♡

美乃滋墨魚炒豆苗

用美乃滋代替炒菜的油,圓潤溫和,
還能掩飾豆渣粉沙沙的粉感。

調理時間 **10** 分

材料(2 人份)

生墨魚…140g
(已經處理好且切段)
豆苗…1 包
豆渣粉…2 小匙
美乃滋…1 大匙
鹽、胡椒粉…各少許

作法

1. 豆苗切除根部,分成 3 等分;把 1/2 大匙的美乃滋倒進平底鍋裡,開中火煮到美乃滋開始融化,加入墨魚拌炒,炒到變白色後撒上 1 小匙豆渣粉,取出備用。

2. 倒入剩下的美乃滋,開中火,加入豆苗炒到熟,再加入剩下的豆渣粉拌炒;倒回墨魚繼續炒,最後加入鹽、胡椒粉調味即可。

> 豆苗很快就熟了,所以要跟墨魚分開來炒。請注意兩者都不要炒過頭了。

PART **2** 添加了豆渣粉的美味瘦身料理

♡ 清脆好吃，又有滿滿蛋白質！♡

高麗菜炒肉絲

調理時間 **10** 分

1人份
含醣量 **5.7**g
熱量 **301** kcal

材料（2人份）

豬肉絲…160g
鹽、胡椒粉…各適量
高麗菜…1/4 個
（約 300g）
豆渣粉…1 大匙
奶油…1 大匙（約 12g）
柑橘醋醬油…1 又 1/3 大匙
珠蔥（切成蔥花）…適量

作法

1. 豬肉上撒鹽、胡椒粉各少許；用手將高麗菜撕成容易入口的大小。

2. 油放入平底鍋中以中火加熱，放進豬肉拌炒，炒到豬肉變色再加入高麗菜拌炒勻，撒上豆渣粉拌勻，再以畫圓的方式倒入柑橘醋醬油，迅速快炒一下，最後以少許鹽、胡椒粉調味後即可盛入盤中，撒上蔥花。

等到高麗菜炒熟就可以加入豆渣粉了。

From 老公♥
柑橘醋和奶油的組合真是太完美了。再加上珠蔥，充滿了居酒屋的風味。

From 老公 ♥
拌上美乃滋真是個好主意！

材料（2人份）

豬肩里脊肉絲…200g
A｜鹽、胡椒粉各少許，豆渣粉1小匙
杏鮑菇…3根
美乃滋…2大匙
豆渣粉…1小匙
撕碎的海苔…1小撮
炒過的白芝麻…1小匙

作法

1. 把A料與豬肉絲拌勻；杏鮑菇直切成4～6等分。

2. 把1大匙美乃滋和豬肉絲一起放進平底鍋裡，以中火拌炒，炒到變色後取出備用。

3. 平底鍋放入剩下的美乃滋和杏鮑菇平底鍋裡，以中火拌炒，炒軟後再撒豆渣粉繼續拌炒，再放入步驟2的豬肉絲，加入海苔和芝麻攪拌均勻就可以囉。

> 豆渣粉分成2份，使用在肉的麵衣與炒杏鮑菇。包裹在豬肉絲上，可以讓肉更容易吸附美乃滋。

1人份
含醣量 **1.9g**
熱量 **364kcal**

PART 2 — 添加了豆渣粉的美味瘦身料理

♡孩子們也非常喜歡吃♡

海苔拌豬肉杏鮑菇

調理時間 10分

♡一種材料＋不用菜刀＝超簡單又有飽足感♡

芝麻味噌烤蒟蒻

在味噌醬裡加入了白芝麻，帶著顆粒的口感與蔥太對味了！

調理時間 15分

材料（2人份）

蒟蒻⋯1大塊（約400g）
A｜豆渣粉、醬油、炒過的白芝麻各1小匙，味噌、水各1大匙
珠蔥（切成蔥花）⋯適量

作法

1. 用手將蒟蒻撕成一口大小；把 A 料放進大碗裡拌勻成醬汁。

2. 平底鍋裡不用放油，加入蒟蒻，開中火乾燒到收乾水分，發出滋滋的聲響，略微呈現焦色為止，把蒟蒻盛入盤中，淋上拌好的醬汁，撒上蔥花。

> 最好徹底地將蒟蒻煎到發出滋滋的聲響，略微呈現焦色為止。

From 老公♥

這個超好吃的！這是下酒菜吧！搭配威士忌蘇打酒也很對味！

PART **2**

添加了豆渣粉的美味瘦身料理

1人份
含醣量 **12.9**g
熱量 **389** kcal

PART 3

第一週是
減醣生活
成敗的關鍵

養成瘦身習慣了！就不再眷戀米飯了。

剛開始減肥的第一週為了趕快習慣低醣菜單，我們夫妻在那 7 天特別努力了一把。多虧努力的功勞，即使是第一天抱怨連連的老公，到了第 7 天也徹底愛上了低醣料理。這個章節將公開晚餐時實際吃過的 7 道菜！「料理的心路歷程」大公開！

※ 在食譜的材料表中沒有列出的額外添加蔬菜，其含醣量、卡路里不計入含醣量和卡路里的總數值中。

半年內居然瘦了11公斤！
小喵&老公的
「第一週至關重要」
的精神喊話

減肥失敗最容易發生在第一週，順利地度過這個難關是成功的祕訣。
要怎麼努力？有什麼辛苦之處？夫妻倆共同回顧有效果的作法與下工夫的地方。

> 集中地做了許多我愛吃的食物呢！

> 我很努力地提升你的士氣喔！

Before

After

腰圍減了 10.5 公分，減肥前經常穿的牛仔褲現在可寬鬆了。並沒有特別運動，但是也沒有減掉肌肉，線條都緊實了。

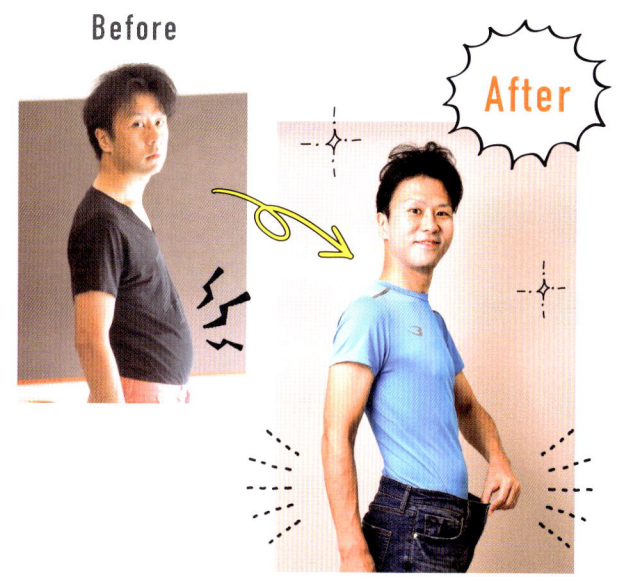

看到自己照片中的模樣而決心減肥

小喵（以下以😺代稱）：「自從開始減肥，6個月就瘦了11公斤。我也沒想到能瘦這麼多。瘦下來的感覺如何？」

老公（以下以夫代稱）：「首先是感覺到身體和精神都變好了。攝取大量醣類的時候，身體經常覺得懶洋洋，光是通勤就快要累死了。」

😺「你以前回到家確實已經累得東倒西歪，所以猛灌啤酒，配著菜，吃下好多白飯。下班時還會順路買西點麵包回來，總是感覺你怎麼又在吃了。但是，你為什麼會立志想瘦下來呢？」

夫「因為身體已經沉重到動彈不得，看到自己呈現在照片中的德性，發現想像中的自己與現實中的自己簡直判若兩人。小喵的那句話～背影簡直（與剛結婚時）變了個人。確實也令我大受打擊。」

😺「那開始減肥之後，有什麼心得感想？」

夫「大概是因為妳對菜單設計挖空了心思，所以前2天吃起來完全沒問題。」

😺「太好了！這其實也在我預料之中喔。為了提升你的士氣，我準備了各式各樣你愛吃的食材。可是到了第3天又會開始覺得「還是想吃米飯」，對吧？」

夫「可是妳配合我想大吃大喝的心情，端出份量十足的鹽檸檬雞時，即使沒有白飯吃，我覺得也可以撐下去了，真是感激不盡。」

PART 3 第一週是減醣生活成敗的關鍵

99

控制醣份的攝取後，連味覺都改變了

不用吃到撐就能感到滿足也是很大的變化。

每次「想吃白米飯！」時，都能被老婆做的菜激勵

🐱「你好像很喜歡起司蛋凱薩沙拉呢。」

🧑「嗯～聽說沙拉裡也加了豆渣粉，吃的時候只會以為是平常的凱薩沙拉，被一模一樣的飽足感嚇到而感到興奮不已。隔天又呼應我「好想吃咖哩啊！」的心情，為我做了咖哩青花魚。每次快要撐不下去的時候，都會被小喵做的菜激勵。第一週順利上軌道後，就希望後面也能繼續堅持下去。現在沒有白米飯也無所謂了。」

喵「我對午餐便當也下了一番工夫。起初先從減少飯量開始，然後連白飯都沒有了。」

夫「我也把豆渣粉帶去公司，隨時撒在菜和湯上吃。可是後來開始犯起：想吃東西＆想來點甜食的毛病。因為突然不能吃我最愛吃的米飯和啤酒，我還夢到咖哩和巧克力，尤其是巧克力冰淇淋（笑）。」

喵「像這種時候就得靠可可含量比較高的巧克力和堅果撐過去！」

夫「我很感謝小喵總是蕙質蘭心地準備好隨時可以吃的零食。」

喵「撐過第一個月以後，動不動就嘴饞的毛病就會穩定下來。」

夫「味覺也改變了，不再追求重口味的食物，感覺比起配著重口味的菜大口吃飯的時候更能享受食物的滋味。」

PART 3 第一週是減醣生活成敗的關鍵

（左）可以靠可可含量比較高的巧克力和堅果消除「想吃東西＆想來點甜食！」的欲望。（右）也可以將堅果分裝成小包，帶去公司。口感十足，又有飽足感，可以當成工作空檔的零食。

第一週的「晚餐菜單」大公開！

第 1 天 的三餐菜單

全都用 老公愛吃的食材 做成份量多一點的日式料理

1 人份
含醣量 **18.8**g
熱量 **826** kcal

From 老公 晚餐 & 心路歷程日記

我愛吃飯也愛喝酒,然而開始意識到自己「胖了」,所以很想瘦下來。餐桌上從第一天就出現了我愛吃的炸雞和沙拉、納豆、涼拌豆腐和湯,其實吃得心滿意足。可是為什麼沒有白米飯?我還不習慣沒有吃米飯……

PART 3 第一週是減醣生活成敗的關鍵

1人分
含醣量 6.3g
熱量 452 kcal

1 吃了不變胖的炸雞塊
作法在 ▶P.70

炸衣不用麵粉,而是偷偷地換成豆渣粉,這是一個好方法。

1人分
含醣量 5.4g
熱量 184 kcal

2 吻仔魚納豆加滿滿紫蘇葉的涼拌豆腐
作法在 ▶P.162

老公最喜歡豆腐和納豆了!不僅可以攝取到大量的大豆蛋白質,而且還放上老公愛吃的吻仔魚。

1人分
含醣量 3.7g
熱量 37 kcal

3 白菜蘿蔔味噌湯
作法在 ▶P.192

再喝下一碗湯,就能讓吃進去的豆渣粉在肚子裡吸水膨脹,增加飽足感。

1人分
含醣量 3.4g
熱量 153 kcal

4 基本的沙拉
作法在 ▶P.198

小喵 ♡ 的筆記

第一天從老公最愛吃的炸雞揭開序幕。加入了大量豆渣粉的沙拉和偷偷地裹上豆渣粉麵衣的炸雞。即使沒有白米飯,也能藉由「豆渣粉大放送」吃得飽飽的!再加上老公喜歡的納豆和涼拌豆腐,應該也能得到飽足感……

103

第2天 的三餐菜單

蔬菜多一點的 養生菜單

也加入了大量的豆渣粉
（幸好老公沒有注意到……）

1人份
含醣量 **12.4**g
熱量 **833**kcal

From 老公 晚餐 & 心路歷程日記

因為一直想要擺脫身體沉甸甸的狀態，開始覺得就算沒有白米飯吃也沒關係了。我本來就很喜歡「豆腐漢堡排」，也很愛吃日本油菜和沙拉，所以吃得心滿意足。

1人分
含醣量 3.3g
熱量 475 kcal

1 多汁美味的經典漢堡排
作法在 ▶ P.66

豆腐漢堡排裡也加入了豆渣粉，原本就很健康，這下子更棒了。

1人分
含醣量 2.7g
熱量 142 kcal

2 日本油菜加柴魚片的和風納豆
作法在 ▶ P.159

也吃點黃綠色蔬菜吧！口感清脆爽口，爽脆的卡滋卡滋咬感，大受好評。

1人分
含醣量 3.0g
熱量 63 kcal

3 海帶芽豆皮生薑味噌湯
作法在 ▶ P.193

海帶芽其實也能帶來飽足感喔！再加上生薑更好。

1人分
含醣量 3.4g
熱量 153 kcal

4 基本的沙拉
作法在 ▶ P.198

幾乎每天都要吃基本的沙拉。無論搭配哪一道菜都很對味！

小喵的筆記

今天也做了老公愛吃的食物。神不知、鬼不覺地在特大號的豆腐漢堡排裡加入了豆渣粉！利用蘿蔔泥與柑橘醋製造出清淡爽口的風味。除了加入大量豆渣粉的沙拉以外，也送上加了日本油菜的納豆，好讓老公能多攝取一點黃綠色蔬菜。

PART 3 第一週是減醣生活成敗的關鍵

1人份
含醣量 **6.9**g
熱量 **931** kcal

第3天的三餐菜單

老公終於發現豆渣粉了！
（幸好評語還不錯）

1 鹽檸檬雞
作法在 ▶P.38

豆腐漢堡排裡也加入了豆渣粉，原本就很健康，這下子更棒了。

2 蒜味章魚拌鮪魚
作法在 ▶P.150

章魚具有咬起來脆脆的口感，可以自然增加咀嚼的次數，有助於減肥。

3 起司蛋凱薩沙拉
作法在 ▶P.203

第3天的沙拉也要來點變化。起司粉與豆渣粉很容易攪拌均勻，讓風味揉合。

4 料多味美的高麗菜蛋花湯
作法在 ▶P.195

把蛋加到湯裡不僅能增加份量，還能補充蛋白質。

From 老公 — 晚餐&心路歷程日記

果然還是藏不住想吃飯的心情……太喜歡「鹽檸檬雞」了，不僅份量十足，還能撫慰我想大口吃飯的欲望。**而且老婆還告訴我，沙拉裡都加了豆渣粉（我根本沒發現！）豆渣粉與凱薩沙拉很對味，一點也不突兀，還能帶來飽足感，令人驚奇又滿足，我對這種初體驗有點興奮！**

小喵♡的筆記

以前都做照燒雞，**如今為了低醣把照燒醬改成鹽**。簡單得令人大吃一驚，卻意外好吃，讓我重新意識到不是**只有甜辣才是美味**。為沙拉製造變化，利用老公愛吃的蛋和起司提升滿足感、**幫助攝取蛋白質**。配菜裡也加入了海鮮，好讓營養均衡。

第4天的三餐菜單

用大家一定會喜歡的咖哩消除瘦身的壓力！

1人份
含醣量 **7.3**g
熱量 **888** kcal

1 咖哩青花魚
作法在 ▶P.84

雖說是油炸食物，但是用比較少的油煎炸，所以做起來很輕鬆。

2 菠菜鴻喜菇西班牙蛋捲
作法在 ▶P.126

蛋捲裡加入了滿～滿的蔬菜，不僅能增加份量，還能攝取到維生素。

3 韓式萵苣沙拉
作法在 ▶P.200

用加了醬油的醬汁來拌，美味得令人一吃上癮。

4 羊栖菜中式蔥湯
作法在 ▶P.196

羊栖菜雖然給人燉或滷的印象，也能煮成湯！醣份低，膳食纖維豐富。

From 老公 晚餐 & 心路歷程日記

一想到不能吃，反而陷入「想吃咖哩想得不得了」的症頭。老婆看不下去，擷取青花魚（＝對身體好）和咖哩（＝減肥的大敵）的優點，絞緊腦汁研究出「咖哩青花魚」這道菜。真是胖子的救星！只要有這道菜，我應該能撐過好長一段時間。

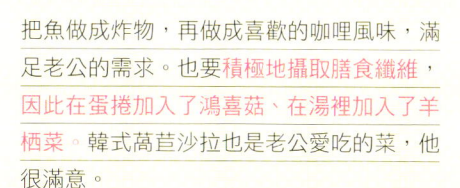

小喵♡的筆記

把魚做成炸物，再做成喜歡的咖哩風味，滿足老公的需求。也要積極地攝取膳食纖維，因此在蛋捲加入了鴻喜菇、在湯裡加入了羊栖菜。韓式萵苣沙拉也是老公愛吃的菜，他很滿意。

1人份
含醣量 **12.8g**
熱量 **800** kcal

第5天的三餐菜單

足以讓人忘記在減肥
風味濃郁的豬五花肉
為老公加油打氣！
配菜因此要做得清爽一點

1 醬燒豬五花茄子
作法在 ▶P.58

豬五花肉沒有裹粉也不會硬邦邦的，還能用釋出的油炒茄子。

2 蛋包豆苗雞湯
作法在 ▶P.152

豆苗的含醣量很低，營養價值又高！老公也吃得津津有味。

3 海苔小黃瓜涼拌豆腐
作法在 ▶P.165

今天的豆腐上撒滿了小黃瓜與撕碎的海苔。

4 海帶芽豆皮生薑味噌湯
作法在 ▶P.193

在味噌湯裡加入生薑，味道十分濃郁，還能讓身體暖和起來。

From 老公 晚餐＆心路歷程日記

晚餐中出現了豬五花與茄子的配菜，減肥期間也能吃到豬五花肉真是太開心了！豬五花肉是我從新婚就很愛吃的食物，也是老婆的食譜中我最喜歡的一道菜，再加上鹽抓小黃瓜和豆苗等，由於加入了大量的蔬菜，對心理和身體都很有益處。前半段的煩躁不安已然消失殆盡。

小喵的筆記

老公愛吃的豬五花肉與茄子的組合不僅含醣量低，而且份量十足。藉由加入大蒜以增添風味，即使調味料不多，也不會覺得沒味道。重口味的配菜與風味清爽的蛋包豆苗、涼拌豆腐比例堪稱完美。

第 6 天的三餐菜單

老公好像迷上了豆渣粉。
加到剩下的法式小鍋裡多下一點工夫！

1人份
含醣量 **13.4g**
熱量 **702 kcal**

1 美乃滋起司烤鮭魚
作法在 ▶P.124

用錫箔紙包起來烤，最適合在疲憊的時候輕鬆搞定一餐。

2 鹽奶油帆立貝炒高麗菜
作法在 ▶P.144

帆立貝簡直是人間美味！只要用奶油炒一下，撒點鹽、胡椒粉就真的很好吃了。

3 胡椒蒜味毛豆拌黃豆
作法在 ▶P.153

愛吃豆的女兒也很喜歡毛豆和黃豆，開飯的時候根本是一場爭奪戰。

4 大頭菜培根法式小鍋
作法在 ▶P.190

把蔬菜切得大塊一點，以提升口感。看起來也比較豐盛。

From 老公 晚餐 & 心路歷程日記

「鹽奶油帆立貝」簡簡單單就很好吃。減醣的時候還能毫無顧忌地吃美乃滋真是太好了！「大頭菜培根法式小鍋」既不傷胃，又能吃飽。把豆渣粉加到剩下的湯裡，做成偽稀飯的話，還能增加飽足感！（愈來愈覺得是稀飯了）

小喵♡的筆記

選用老公愛吃的奶油烤鮭魚和帆立貝入菜。減肥的時候也能吃美乃滋和起司真是太好了。為突顯口感和飽足感，把法式小鍋裡的蔬菜切得大塊一點。

109

第7天的三餐菜單

以雞肉 & 豬肉 增加飽足感！

已經不會再吵著「我想吃飯」了！

1人份
含醣量 **14.3g**
熱量 **810 kcal**

1 鹽燒雞佐秋葵醬
作法在 ▶ P.60

煎得酥酥脆脆的雞腿肉咬下去很過癮，吃起來很爽。

2 豆腐芝麻味噌沙拉
作法在 ▶ P.202

味噌醬裡網羅了豆腐、吻仔魚乾、萵苣等3種低醣的食材。

3 滿是蘘荷的蘿蔔泥納豆
作法在 ▶ P.161

蘿蔔泥和蘘荷為納豆製造出清淡爽口的風味。

4 豬肉酸辣湯
作法在 ▶ P.197

主菜為雞肉、湯裡有豬肉。用上兩種肉，就算沒飯吃也不覺得空虛。

From 老公 ♥ 晚餐 & 心路歷程日記

豬肉酸辣湯份量十足。減肥期間不能吃擔擔麵，但是**喝到這種湯，感覺就像吃了擔擔麵**（大腦自以為我正在吃擔擔麵）。這道菜也加了少許的豆渣粉，以提升飽足感。主菜是雞肉，所以在份量上也能讓人滿意。

小喵 ♥ 的筆記

同時以雞肉和豬肉入菜那天的份量簡直太驚人了。尤其是「豬肉酸辣湯」因為有滿滿的肉和蔬菜，能吃得飽飽的，**味道也是老公喜歡的微辣，他更滿意了**。透過沙拉和蘿蔔泥也能吃下大量風味清爽的蔬菜。

From 老公 老公的午餐＆點心日記 Part 1

老公的午餐基本上都是帶便當去公司吃。自從開始低醣減肥，便當的菜色也改變了。以下為各位介紹循序漸進地改變菜色的作法，以免造成壓力。日記是我老公寫的！

減肥前　體重 80.2 公斤

最喜歡海苔便當

白飯加烤肉太棒了

多吃飯的時期

最喜歡白飯了，所以請老婆做的便當也要求「飯多一點，配菜也要裝滿」。男人當然要吃白飯和肉啊！因此結婚 7 年就胖了 11 公斤……

開始減肥 2 週後　體重 76.0 公斤

（底下還是有一點點飯）

高湯蛋捲也美味到令人大開眼界！

剛開始覺得飯變少好難受……

少吃飯的時期

正因為早晚在家裡吃的飯為了減醣都拿掉白飯！所以中午可以吃「一點點飯」，以免給自己太大的壓力（雖然有點難受）。原本很喜歡甜甜的蛋捲，但也請老婆換成高湯蛋捲。一口氣在 2 週內瘦下 4 公斤，幹勁都激發出來了！

來杯咖啡

以前在公司喝咖啡都會加入一整包砂糖，現在也改成不加糖的黑咖啡！

零食

如果嘴饞，就把豆渣粉加到在便利商店買的原味優格裡來吃。藉由飽足感克服想吃點心的欲望。重點在於要買 400 克裝的優格，分成早上一半，3 點的下午茶時間再吃另外一半。

PART 3　第一週是減醣生活成敗的關鍵

111

COLUMN

小喵經常使用的減醣食材清單！
食材的含醣量一覽表

以經常出現在這本書裡的食材為主，為各位整理了含醣量。
想在作法上製造變化、用來代替其他食材時，請盡量採用含醣量比較低的食材！
以下的數值皆參照《七訂 食品成分表》，相當於食品的 100 克可食用部分含有的醣份。

肉

●雞肉

清雞肉	0 g
雞翅膀	0 g
翅小腿	0 g
雞胸肉	0.1 g
雞腿肉	0 g

●豬肉

肩胛肉	0.2 g
五花肉	0.1 g
豬絞肉	0.1 g
里脊肉	0.2 g

●加工肉

培根	0.3 g

蛋、乳製品

●蛋

雞蛋	0.3 g

●乳製品

牛奶	4.8 g
奶油起司	2.3 g
起司粉（帕馬森起司）	1.9 g
奶油（有鹽）	0.2 g
再製起司	1.3 g

海鮮

墨魚	0.1 g
鮭魚	0.1 g
青花魚	0.3 g
章魚	0.1 g
鱈魚	0.1 g
鰤魚	0.3 g
帆立貝	1.5 g
鮪魚	0.1 g
旗魚	0.1 g

●加工品

青花魚罐頭（水煮）	0.2 g
煙燻鮭魚	0.1 g
鮪魚罐頭（油漬）	0.1 g
鮪魚罐頭（高湯煮）	9.9 g

黃豆、黃豆製品

油豆腐	0.2 g
豆皮	0 g
豆渣粉	8.7 g
黃豆（水煮）	0.9 g
黃豆（蒸）	5 g
豆腐（嫩豆腐）	1.7 g
豆腐（板豆腐）	1.2 g
納豆	5.4 g

蔬菜

紫蘇	0.2 g
酪梨	0.9 g
四季豆	2.7 g
毛豆	3.8 g
金針菇	3.7 g
杏鮑菇	2.6 g
秋葵	1.6 g
蘿蔔嬰	1.4 g
大頭菜	3.4 g
高麗菜	3.4 g
小黃瓜	1.9 g
日本油菜	0.5 g
鴻喜菇	1.3 g
生薑	4.5 g
蘿蔔	2.8 g
洋蔥	7.2 g
豆苗	1.0 g
蔥	5.8 g
茄子	2.9 g
韭菜	1.3 g
大蒜	21.3 g
白菜	1.9 g
巴西里	1 g
珠蔥	2.9 g
青椒	2.8 g
綠花椰菜	0.8 g
菠菜	0.3 g
水菜	1.8 g
小番茄	5.8 g
蘘荷	0.5 g
豆芽菜	1.3 g
萵苣	1.7 g

乾貨

柴魚片	0.4 g
芝麻	5.9 g
海苔	8.3 g

調味料及其他

辣椒	12 g
蠔油	18.1 g
雞湯粉	36.6 g
西式高湯粉	41.8 g
咖哩粉	26.4 g
黑胡椒	66.6 g
蒟蒻	0.1 g
酒	2.4 g
砂糖	99.3 g
鹽	0 g
醬油	10.1 g
冬粉	0.1 g
白味噌	32.3 g
豆瓣醬	3.6 g
魚露	2.7 g
白菜泡菜	5.2 g
柑橘醋醬油	8.0 g
美乃滋	3.6 g
味噌	17.0 g
味醂	43.2 g
沾麵醬（原味）	8.7 g
柚子胡椒	3.1 g

油

橄欖油	0 g
麻油	0 g
沙拉油	0 g

PART 3 第一週是減醣生活成敗的關鍵

PART 4

充滿
飽足感的
魚、蛋、豆腐配菜

除了肉以外也有其他低醣又有飽足感的食物！

光吃肉還是會吃膩，所以也要多做一點肉以外的減醣菜單。話雖如此，又不想花太多時間精神，所以魚的話不妨利用切片的魚肉或罐頭。蛋及豆皮、油豆腐也是只要2～3個步驟就能輕鬆搞定的食材，又吃得飽，很受歡迎！

FISH 魚

♡ 只要烤得鬆軟好吃即可 ♡

黑胡椒奶油鰤魚

黑胡椒粒的刺激感與奶油都跟鰤魚很對味！
不用再另外製作醬汁。

材料（2人份）

鰤魚切片（青魽）…2片
鹽、黑胡椒粒…各適量
奶油…15g

作法

1. 鰤魚稍微用水沖洗一下，以廚房專用紙巾擦乾水分，魚身抹一點鹽和黑胡椒粒醃漬。

2. 以中火加熱平底鍋裡的奶油，放入魚片，改轉中小火，煎至呈現金黃色後再翻面，蓋上鍋蓋，燜煮2分鐘。

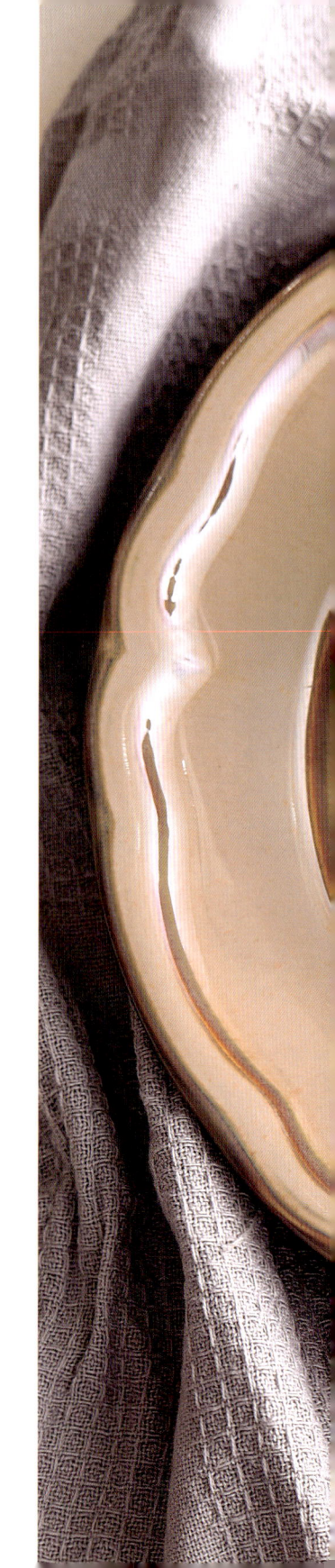

此處加上了生菜和小番茄

From 老公
這種家常菜也不錯。因為我很喜歡吃魚～

PART 4

充滿飽足感的魚、蛋、豆腐配菜

1人份
含醣量 **0.3**g
熱量 **305**kcal

魚 FISH

From 老公♥
就是這個～～！！！
（情緒亢奮）

1人份
含醣量 **3.1**g
熱量 **501** kcal

♡ 也很適合用來招待客人的料理 ♡

義式涼拌鮭魚

超簡單、絕不會失敗的美味料理，調味料的量可以視個人口味增減。

PART 4 充滿飽足感的魚、蛋、豆腐配菜

材料（1～2人份）

鮭魚（生魚片用）…140g

A | 橄欖油 1/2 大匙，檸檬汁 1 小匙，蒜泥 1 大匙

岩鹽（亦可使用一般鹽）、黑胡椒粒…各適量

貝比生菜…適量

作法

1. 鮭魚切成 1cm 厚；A 料混合攪拌均勻。

2. 把鮭魚鋪在盤子裡，均勻地淋上 A 料，撒上鹽、黑胡椒粒，再放上貝比生菜就可以囉。

調理時間 5 分

FISH 魚

♡只要切一切就好,5 分鐘就能搞定♡

夏威夷風酪梨鮪魚

酪梨的含醣量極低,所以很適合減肥。
強烈的濃郁風味,沒有人不愛吃。

材料(2 人份)

鮪魚(生魚片用)…150g
酪梨…1 個
A │ 麻油 1/2 大匙,炒過的
  │ 白芝麻、醬油各 1 小匙,
  │ 大蒜泥少許
鹽…少許

作法

1. 鮪魚切成 2cm 小丁;酪梨去籽削皮,切成與鮪魚相同的大小的丁狀。

2. 把 A 料進大碗裡攪拌均勻,加入鮪魚丁和酪梨丁一起拌勻。嘗一下味道,萬一太淡,再用鹽調味,盛入盤中。

調理時間 5 分

From 老公

咦，鮪魚！！
（非常愛吃鮪魚）

PART 4

充滿飽足感的魚、蛋、豆腐配菜

1人份
含醣量 **1.4g**
熱量 **287** kcal

FISH 魚

♡只要烤好後淋上醬汁就好了！超級簡單～♡

咖哩風味香煎鱈魚

醬汁是用奶油和咖哩粉製作，
真想大喊～咖哩粉萬歲！

調理時間 **10**分

材料（2人份）

鱈魚（切片）…2片
鹽、胡椒粉…各少許
沙拉油…1/2 大匙
A｜奶油 10g，
　｜咖哩粉 1/2 小匙

作法

1. 鱈魚抹上鹽、胡椒粉。
2. 以中火加熱平底鍋裡的沙拉油，將鱈魚的魚皮朝下放進鍋子裡。煎到呈現金黃色後再翻面，煎熟兩面後，盛入盤中。
3. 把奶油放進同一只平底鍋，開中火，加入咖哩粉稍微攪拌一下，淋到鱈魚上。

> 如果使用已經用鹽醃漬過的鱈魚，就不用再加鹽、胡椒粉！

From 老公♥
咖哩醬真的好好吃啊～

1人份
含醣量 **0.3**g
熱量 **138**kcal

此處加上了高麗菜和小番茄

♡ 10分鐘就能完成的青花魚罐頭料理 ♡

綠花椰菜煮青花魚

用大蒜風味消除青花魚的魚腥味，
不喜歡青花魚味道的人也大多能接受！

調理時間 **10分**

PART **4**

充滿飽足感的魚、蛋、豆腐配菜

From 老公♥
用麵包沾這個油
一定很好吃～～
（可是在減醣……）

材料（2人份）

青花魚罐頭（水煮）
…1罐（190g）
綠花椰菜…200g

A｜蒜頭（切成碎末）1瓣，橄欖油5大匙，奶油5g，鹽1/2小匙

作法

1. 綠花椰菜撕成小朵，放進耐熱容器裡，鬆鬆地罩上一層保鮮膜，用微波爐加熱4分鐘；青花魚罐頭瀝乾湯汁。

2. 利用處理綠花椰菜的空檔將 **A** 料倒進平底鍋裡，開小火炒香後，加入稍微掰碎的青花魚，再加入綠花椰菜，讓所有的食材都拌炒均勻。

> 綠花椰菜不需要特別再調味，直接放進微波爐加熱。如果直接使用冷凍的熟綠花椰菜，取出後請徹底地擦乾水分。

1人份
含醣量 **1.4g**
熱量 **324 kcal**

FISH

魚

From 老公♥
這道菜好像我也能做！肯定沒問題！

1人份
含醣量 **2.9**g
熱量 **287**kcal

♡ 5分鐘完成！老婆累壞時的省時料理！♡

美乃滋起司烤鮭魚

用錫箔紙包起來蒸的蔬菜也很甘甜。
再放上起司，就連孩子也讚不絕口。

PART 4 充滿飽足感的魚、蛋、豆腐配菜

材料（2人份）

鹽漬鮭魚（切片）…2片
高麗菜…1/8個（約150g）
米酒…2大匙
美乃滋…2大匙
披薩用起司…適量
黑胡椒粒（視口味）…少許

作法

1. 鮭魚先以廚房專用紙巾擦乾水分；高麗菜切大塊。

2. 把一半的高麗菜鋪在錫箔紙上，放上1片鮭魚，淋上1大匙米酒，抹上1大匙美乃滋，撒上大量的起司，把錫箔紙包起來。剩餘的另一半高麗菜和鮭魚也比照辦理。

3. 將兩個包起來的魚併排放在平底鍋裡，蓋上鍋蓋，直接小火烤5分鐘。吃的時候再依個人口味撒上黑胡椒粒即可。

調理時間 20分

蛋 EGG

♡ 加了菠菜，有種意外清爽的滋味！♡

西班牙煎蛋捲

多虧了起司粉，聞起來香氣四溢，
孩子們也吃得津津有味。

材料（2人份）

蛋⋯4個
A｜起司粉、牛奶各1大匙，鹽少許
菠菜⋯4棵
鴻喜菇⋯1/2 包
橄欖油⋯1大匙
鹽、胡椒粉⋯各少許

作法

1. 菠菜切成3cm長；鴻喜菇切除蒂頭，撥散；把蛋打散在大碗裡，加入 A 料攪拌均勻。

2. 以中火加熱平底鍋裡的橄欖油，倒入菠菜拌炒，炒軟後再加入鹽、胡椒粉。

3. 鍋中倒入蛋液，用做菜的長筷子稍微攪拌一下，等到周圍開始凝固，再轉小火，蓋上鍋蓋，燜7分鐘。等到蛋液全部凝固後關火，切成便於食用的大小，盛入盤中。

調理時間 15分

> From 老公 ♥
> 菠菜蛋捲是絕對不可能難吃的菜色呢!

PART 4

充滿飽足感的魚、蛋、豆腐配菜

1人份
含醣量 **1.1**g
熱量 **234** kcal

蛋 EGG

♡吻仔魚的鹹味亦有畫龍點睛之妙。♡

豆腐吻仔魚蛋包

軟綿綿的豆腐與雞蛋簡直是天作之合。
蛋料理在減肥時也很適合吃！

調理時間 **10**分

材料（1人份）

蛋…2個
嫩豆腐…90～100g
吻仔魚乾…1又1/2大匙
美乃滋…1大匙
鹽…適量
沙拉油…1/2大匙
珠蔥（切成蔥花）…少許

作法

1. 把蛋打散在大碗裡，加入美乃滋和少許的鹽，攪拌均勻；用湯匙等工具挖豆腐，挖成小一點的一口大小。

2. 以中火加熱平底鍋裡的沙拉油，倒入全部蛋液，再均勻地放入豆腐，用長筷子稍微攪拌一下。撒上吻仔魚，煮到蛋約8分熟後關火，均勻地撒少許鹽調味，即可取出滑入盤中，撒上蔥花。

最後再撒鹽，可以的話建議使用岩鹽，含有豐富礦物質。

From 老公♡
吻仔魚的鹹度太美妙了！這道菜讓人一口接一口。

1人份
含醣量 **1.1**g
熱量 **174**kcal

♡蛋的份量十足、料多味美！♡

越南風煎蛋

模仿越南風的煎蛋，不用淋醬也很好吃，但也可以沾醬以享受不同的滋味。

From 老公♡
好好吃啊！而且吃得好飽！有沒有沾醬都別有一番風味！

1人份
含醣量 2.1g
熱量 150kcal

調理時間 10分

材料（1人份）

蛋…3個
鹽、胡椒粉…各適量
高麗菜…50g
豆芽菜…100g（1/2袋）
鮪魚罐頭（水煮）…1/2罐（35g）
沙拉油…1大匙
A 魚露、檸檬汁各1小匙，麻油1/2小匙

作法

1. 高麗菜切成1cm寬；把蛋打散在大碗裡，撒上鹽、胡椒粉各少許；A料放入小碗中混合均勻為沾醬。

2. 以中火加熱平底鍋裡的1/2大匙沙拉油，放入高麗菜、豆芽菜、鮪魚迅速拌炒一下，再加入1/4小匙鹽、胡椒粉少許調味，先盛出備用。

3. 以廚房專用紙巾擦拭平底鍋，倒入剩下的沙拉油，以中火加熱。再倒入蛋液，用做菜的長筷子稍微攪拌一下，煎到九分熟後關火。放入剛剛炒好的材料，把蛋皮對折，盛起放入盤中，可搭配沾醬一起吃。

沾醬中如果缺少魚露，用醬油加檸檬汁來代替也很美味喔。

PART 4 充滿飽足感的魚、蛋、豆腐配菜

蛋 EGG

From 老公♥
因為可以吃到大量的蔬菜，好像對身體有益！

1人份
含醣量 **3.6g**
熱量 **140** kcal

♡ 不用菜刀也不需要砧板的超簡單料理！♡

日本油菜炒什錦

炒什錦的標準材料雖然是豆腐及豬肉，
但如果是使用什錦蔬菜其實也很好吃！

材料（2人份）

蛋…2個
日本油菜…1袋
豆芽菜…1/2袋
麻油…1/2大匙
醬油…1大匙
味醂…1小匙
鹽、胡椒粉…各少許
炒過的白芝麻…1小撮

作法

1. 一片一片撕下日本油菜的葉子，以廚房專用剪刀剪成3cm長，把莖和葉分開。

2. 麻油倒入平底鍋以中火加熱，依序放入日本油菜的莖、豆芽菜、日本油菜的葉子，均炒軟後再加入醬油和味醂調味。

3. 以畫圓的方式倒入打散的蛋液，稍微攪拌一下，煎到7～8分熟後關火，加入鹽、胡椒粉調味，再撒上少許芝麻即可盛入盤中。

調理時間 10分

PART 4 充滿飽足感的魚、蛋、豆腐配菜

豆皮
TOFU SKIN

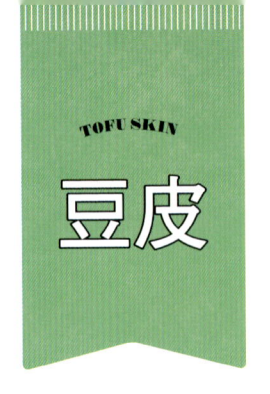

♡很像法式薄餅，
吃的時候還以為被騙了！♡

起司蛋豆皮薄餅

豆皮、蛋、起司充滿蛋白質，營養無可挑剔！
作法超簡單，老公自己也會做。

材料（1人份）

豆皮…2片
蛋（小型）…2個
披薩用起司…15g（約當於1小撮）
美乃滋…適量
沙拉油…少許
黑胡椒粒（視口味）…少許

作法

1. 以廚房專用剪刀剪開其中一片豆皮的長邊，用擀麵棍擀成1.5倍大，把另一片同樣擀開的豆皮塞進開口裡，組合成正方形。

2. 為錫箔紙抹上薄薄一層沙拉油，放上組合好的豆皮當作薄餅皮，把美乃滋擠在豆皮朝上那面的四周，打上一顆蛋在內側，放上起司，進烤箱烤8分鐘，烤到蛋呈現半熟狀。萬一快焦了，可以鬆鬆地蓋上錫箔紙。盛入盤中，依個人口味撒上黑胡椒粒即可。

調理時間 20分

From **老公**
好像在吃法式薄餅！（太喜歡這道菜，平常不做飯的人居然自己動手做了）

PART **4**

充滿飽足感的魚、蛋、豆腐料理

1人份
含醣量 **0.4**g
熱量 **654** kcal

133

油豆腐
ABURAAGE・ATSUAGE

♡鮪魚、和美乃滋交織出特別的風味。♡

鮪魚美乃滋油豆腐排

厚厚的油豆腐外面煎得酥脆，
裡頭綿軟可口；不需要沾醬就很好吃。

材料（1～2人份）

油豆腐…300g
（150g×2塊）

A｜鮪魚罐頭1罐（70g），美乃滋1大匙，鹽、胡椒粉各少許

作法

1. 把A料倒進大碗裡，混合攪拌均勻。油豆腐橫著從中間切開，劃出一個開口，塞入一半的A料。另一塊油豆腐也比照辦理。

2. 把剛剛塞好材料的油豆腐放進沒平底鍋裡，乾煎至兩面都呈現焦黃色。一塊切成兩半，另一塊直接這樣盛入盤中。

調理時間 10分

From 老公♥
意料之外的美味！！閉上雙眼，還以為在吃三明治……

1人份
含醣量 0.8g
熱量 717 kcal

此處加上了基本沙拉

♡ 吃起來還挺有份量的 ♡

鴻喜菇辣炒油豆腐

油豆腐先撕碎再充分拌炒，
就能充分吸收調味料入味。

調理時間 **10**分

From 老公♥
這個味道太棒了！我好喜歡！

1人份
含醣量 **2.4**g
熱量 **228** kcal

材料（1人份）

油豆腐…240g
（80g×3塊）
鴻喜菇…1/2包

A｜ 大蒜泥1大匙，醬油、豆瓣醬各1小匙，蠔油1/4小匙

沙拉油…1/2大匙
珠蔥（切成蔥花）…適量
辣油（視口味）…少許

作法

1. 以廚房專用紙巾吸乾油豆腐的水分，撕成方便食用的大小；鴻喜菇切除蒂頭，撥散；**A**料混合攪拌均勻備用。

2. 以中火加熱平底鍋裡的沙拉油，放入油豆腐煎，煎到表面呈現微微的焦色後，加入鴻喜菇炒至軟。以畫圓的方式倒入混勻之 **A** 料，拌炒到所有食材都沾附到醬汁，盛入盤中，撒上蔥花，依個人口味淋點辣油即可。

> 油豆腐如果殘留水分會稀釋掉味道，所以請煎到表面都變成金黃色。加入醬汁時請轉小火，以免醬汁燒焦。

PART **4** 充滿飽足感的魚、蛋、豆腐配菜

135

ABURAAGE・ATSUAGE
油豆腐

From 老公 💕
大家都很喜歡，
直接多做一點不
是比較省事嗎？
（到底是多能吃啊）

1人份
含醣量 **2.3**g
熱量 **284** kcal

♡ 不需要砧板，用微波爐就能簡單製作 ♡

起司焗油豆腐

用白醬油調味，做成清淡爽口、較為成熟的風味。
醬汁也可以使用沾麵醬來取代。

材料（容易製作的份量）

油豆腐⋯300g（150g×2 塊）
白醬油⋯1 大匙
披薩用起司⋯30g
珠蔥（切成蔥花）⋯適量

作法

1. 油豆腐用手撕成一口大小，放進耐熱容器裡，再均勻地淋上白醬油拌勻，放上起司絲。

2. 鬆鬆地罩上一層保鮮膜，放進微波爐中加熱 5 分鐘。等起司一融化就取出，盛入盤中，撒上蔥花即可。

> 多放一點起司比較好吃。加熱時間只要讓起司融化即可，可以自行調整。

PART 4　充滿飽足感的魚、蛋、豆腐配菜

調理時間 10 分

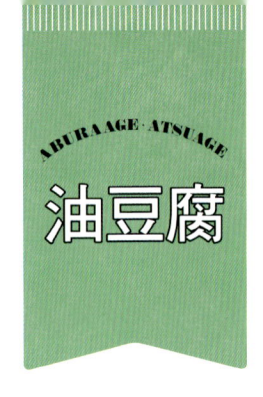

油豆腐
ABURAAGE・ATSUAGE

♡ 沒想到還有這種吃法！♡

蔥花味噌油豆腐煎

切成方方正正的四角形，香氣四溢！
能當配菜也能當下酒菜。

材料（2人份）

油豆腐…320g（80g×4塊）
納豆（不含醬料）…1包
珠蔥（切成蔥花）…2大匙
味噌…1大匙

作法

1. 把油豆腐切成一口大小的四方形；納豆在碗裡充分攪拌，放入蔥花和味噌混合攪拌均勻。

2. 把攪拌好的納豆放在油豆腐上，放進烤箱烤4分鐘，直到蔥花和味噌融化，帶點焦黃色即可。

調理時間 10分

From 老公
好好吃！而且切成這種大小也很容易入口。

PART 4
充滿飽足感的魚、蛋、豆腐配菜

1人份
含醣量 **3.2g**
熱量 **304kcal**

老公的午餐&點心日記 *Part 2*

From 老公

前兩週就瘦了 4 公斤，老公整個士氣大振。白天晚上都在家執行低醣菜單，中午吃一點飯釋放壓力的日子過了一個月就出現變化。同樣地，以下日記都是老公自己寫的！

開始減肥 1 個月後　　**體重 74.0 公斤**（比開始少了 6.2 公斤）

> 有肉有菜，還有蛋和豆類！能吃這麼多真是太幸福了～

> 香菇炒豬肉裡加了豆渣粉，所以飽足感一百分★

不吃飯的時期

已經漸漸習慣了，所以拜託老婆「便當也不要裝飯了」。大概是因為已經習慣了，沒飯吃也不以為苦。老婆還抱怨「要多做配菜反而更麻煩……」（笑）我感覺身體變好了，減肥也已經變成日常習慣！

開始減肥2個月後　　體重 **72.3** 公斤（比開始少了7.9公斤）

外食午餐菜單

泡菜炒雞肉	沙拉	燉蔬菜
醋溜海帶芽	鹽烤鮭魚、厚煎蛋捲、蘿蔔絲	醬菜

> 不拿另外裝的白飯,只吃配菜的午餐

不吃飯的時期

沒有帶便當的時候,就去員工餐廳吃飯。不拿飯,只吃肉、魚、蔬菜的配菜,不僅可以減醣,營養也夠均衡。身體感覺到不吃飯反而比較舒服,精神也較好。不可或缺的點心也進化成「巧克力與堅果」(P.101)!當然也繼續吃含有豆渣粉的零食。

開始減肥6個月後　　體重 **69.0** 公斤（比開始少了11.2公斤!）

再次回到少吃飯的時期

由於進入了維持期,午餐又開始吃一點白飯,可是並沒有復胖喔!

PART **4** 充滿飽足感的魚、蛋、豆腐配菜

PART 5
也能當成下酒菜的瘦身料理

配合威士忌蘇打酒或葡萄酒構思的菜單！

為每晚都要小酌的老公設計了適合配酒的低醣下酒菜。也可以當成一般的配菜，為餐桌增色。這些料理全都是1～2個步驟就能完成，特別適合在沒有時間的時候做。從清淡爽口到重口味的菜色，在「真想再多一道菜」的時候可是祕密武器喔。

From 老公♥
好好吃~好想再吃一份!

1人份
含醣量 **2.7**g
熱量 **80** kcal

♡ 明明很簡單卻超級好吃～ ♡

帆立貝炒高麗菜

只用奶油炒一炒,再加鹽、胡椒粉調味而已。
但是真的很好吃。

調理時間 **10** 分

材料（2 人份）

帆立貝（燙熟）…100g
高麗菜
…1/8 小個（約 100g）
奶油…5g
鹽…1 小撮
黑胡椒粒…少許

作法

1. 高麗菜切成 1cm 寬片狀。

2. 奶油放入平底鍋內以中火加熱,放入帆立貝拌炒,炒到稍微呈現金黃色後,加入高麗菜繼續拌炒,炒到高麗菜都吃到油,再撒入鹽、黑胡椒粒攪拌均勻。

PART 5 也能當成下酒菜的瘦身料理

♡清淡爽口的中式涼拌菜♡

中華風涼拌青花魚

調理時間 **3**分

因為加入了大量的日本生薑，
帶點腥味的青花魚也能變得清淡爽口。

材料（2人份）

青花魚（罐頭）
…1罐（190g）
麻油…1小匙
雞湯粉…1/2小匙
蘘荷（切成細絲）…1個
炒過的白芝麻…適量
七味辣椒粉（視口味）
…少許

作法

1. 瀝乾青花魚的湯汁，放入大碗中，撒上1/2小匙麻油和雞湯粉，稍微攪拌一下。

2. 將拌好的材料盛入盤中，放上蘘荷和芝麻，再淋上1/2小匙麻油，依個人口味撒些許七味辣椒粉。

From 老公♡
雞湯粉和青花魚罐頭太對味了！

1人份
含醣量 **0.6**g
熱量 **210**kcal

♡ 蛋的口感軟嫩滑溜，與酪梨拌在一起簡直太好吃了～ ♡

滑蛋焗烤酪梨豆腐

調理時間 15分

只要切一切就馬上做好的配菜，
酪梨、蛋和美乃滋的醣份都很少，所以不用擔心。

From 老公♥
酪梨和豆腐的二重唱～～
（哼歌）

材料（1人份）

蛋⋯1個
油豆腐⋯1/2塊（約70g）
酪梨⋯1/2個
披薩用起司⋯12g
A ｜ 美乃滋 1/2 大匙，
　　醬油 1/4 小匙

作法

1. 油豆腐用手撕成一口大小；酪梨去籽、削皮，切成2cm的小丁；**A**料攪拌均勻備用。

2. 把油豆腐和酪梨放進大碗裡，加入**A**料拌勻。在中央壓出一個凹槽，把蛋打進去，周圍放上起司。放進烤箱烤10分鐘左右，依個人口味決定蛋的熟度。

> 蛋烤過頭就沒有濃稠的感覺了，所以請邊烤邊觀察蛋的硬度。

1人份
含醣量 1.5g
熱量 416 kcal

PART 5 也能當成下酒菜的瘦身料理

147

♡ 不需要用到火，只要簡單地切開 ♡

酪梨奶油起司淋醬

酪梨和奶油起司都黏乎乎的好好吃。
也可以拿來招待客人。

調理時間 **5** 分

材料（容易製作的份量）

奶油起司
…3 塊（17g×3 個）
酪梨…1 個
A｜柴魚片 1 小撮，橄欖油、醬油各 1/2 大匙，黑胡椒粒少許

作法

1 奶油起司切成 1cm 的小丁；酪梨去籽、削皮，切成 1cm 的小丁，和奶油一起放進大碗裡，加入 **A** 料稍微攪拌一下。

> 使用的是 Kiri 的奶油起司。平常可以多買一點，要用的時候就很方便。

> **From 老公** ♥
> 只要放了奶油起司,每道菜都會變得很美味吧。(倒也不盡然嗎?)

PART 5

也能當成下酒菜的瘦身料理

1人份
含醣量 **3.7g**
熱量 **576 kcal**

From 老公 ♥
這裡感覺像是葡萄酒吧~

1人份
含醣量 **1.0**g
熱量 **101** kcal

♡ 充滿酒吧風的一道下酒菜～ ♡

蒜味章魚拌鮪魚

這是能吃到海鮮的下酒菜。
這是西班牙菜加利西亞風章魚的變化料理。

調理時間 **5**分

材料（2人份）

水煮章魚…100g
鮪魚罐頭（水煮）
…1/2罐（35g）
蒜頭…1瓣
橄欖油…1大匙
西式高湯粉…1小撮
胡椒…少許
乾燥巴西里（有的話）
…適量

作法

1. 蒜頭切薄片；章魚切大塊；鮪魚罐頭取出，瀝乾湯汁。

2. 把橄欖油和蒜頭放進平底鍋，開小火拌炒，炒到發出香味後，加入章魚拌炒，再加入鮪魚、西式高湯粉、胡椒粉，迅速炒熟，取出盛盤。可以再撒上一些乾燥的巴西里調味。

♡ 甚至不需要食譜，作法超簡單 ♡

蛋包豆苗雞湯

調理時間 **5**分

只要在雞湯裡加入豆苗，
再打入一顆雞蛋就可以了。

材料（2人份）

蛋…3個
豆苗…1包
雞湯粉…2小匙

作法

1. 切除豆苗的根，切成2～3等分；把蛋打散在大碗裡。

2. 將雞湯粉和1又1/2杯水（份量另計）倒進平底鍋，開中火煮滾，加入豆苗煮軟後再轉大火，以畫圓的方式倒入蛋液，煮到蛋呈半熟狀即可關火。

可依個人口味加點胡椒，滋味更好。

From 老公 ♡
好喝到胡說八道！真是太棒了！可以再做給我喝嗎？

1人份
含醣量 **1.4**g
熱量 **127** kcal

152

♡ 粒粒分明且讓人一口接一口！♡

胡椒蒜味毛豆拌黃豆

調理時間 **15** 分

也可以直接使用冷凍毛豆和罐頭黃豆，做出這道菜更方便迅速。

PART 5 也能當成下酒菜的瘦身料理

材料（容易製作的份量）

毛豆（冷凍的脫殼毛豆）…70g
黃豆罐頭（真空包）…140g
大蒜泥…1/2 小匙
檸檬汁…1/4 小匙
鹽、黑胡椒粒…各少許
橄欖油…1 大匙

作法

1 把所有的材料倒進大碗裡，攪拌均勻。

> 因為做法很簡單，所以盡可能使用岩鹽，會更美味唷。

From 老公♡
一加入蒜泥就變得好好吃呀！

1人份
含醣量 **5.9**g
熱量 **473** kcal

♡ 邊邊角角的部分又酥又脆,非常好吃。♡

鮪魚玉米烤豆皮披薩

可以當成一個人的午餐配菜,
也可以當成肚子有點餓時的點心。

調理時間 10 分

材料(1人份)

豆皮…1片
鮪魚罐頭(水煮)
…1/2 罐(35g)
美乃滋…適量
玉米粒(冷凍)…1 大匙
披薩用起司
…15g(相當於 1 小撮)
乾燥巴西里…少許

作法

1. 把鮪魚和美乃滋放進大碗裡,混合攪拌均勻,平均地鋪在豆皮上,撒上玉米粒,再放上起司。

2. 把做好的豆皮起司放進烤箱烤 3～4 分鐘,烤到豆皮的邊緣脆脆的,起司融化變成金黃色,再撒上一些乾燥的巴西里即可。

> 豆皮我沒有特別去油,如果在意的話,可以先汆燙去油再來料理。

From
老公
豆皮真是我的救星
(←肚子有點餓的時候基本上都會弄豆皮加起司來吃)

PART 5
也能當成下酒菜的瘦身料理

1人份
含醣量 **2.4g**
熱量 **322kcal**

From 老公 ♥
吃了好多菇菇啊！

1人份
含醣量 **15.0**g
熱量 **365** kcal

♡ 這道菜卡里路很低，還含有豐富的膳食纖維 ♡

泡菜起司烤菇菇

只要均勻地淋上柑橘醋，
再放上泡菜和起司去微波就可以了。

調理時間
15分

材料（2人份）

豆皮…1片（約30g）
金針菇…1袋（約180g）
杏鮑菇…2根（約60g）
白菜泡菜…100g
披薩用起司…40g
柑橘醋醬油…1大匙
珠蔥（切成蔥花）…適量

作法

1. 切除金針菇的根，撥散；杏鮑菇如果有蒂頭也要切掉，在根部劃下1cm左右的十字刀痕，撕成4等分；豆皮垂直切成兩半，再切成1cm寬。

2. 把金針菇、杏鮑菇和豆皮均放進耐熱容器裡，均勻地淋上柑橘醋醬油，依序疊上泡菜、起司，鬆鬆地罩上一層保鮮膜，放進微波爐加熱8分鐘，取出後撒上蔥花即可。

用老公愛吃的**納豆**，輕鬆做出最理想的低醣下酒菜！

♡ 大人小孩都喜歡 ♡

調理時間 **5**分

芝麻蔥醬海帶芽納豆

海帶芽最適合用甜醋涼拌，
加上香味撲鼻的蔥和芝麻、麻油更好吃了。

材料（2人份）

納豆…1盒
海帶芽（生）…140g
珠蔥…1/4把
A｜炒過的白芝麻、醋、醬油、麻油各1大匙
辣油（視口味）…少許

作法

1. 海帶芽切成1cm寬；珠蔥切成小丁；納豆充分攪拌均勻。

2. 把材料和 **A** 料都放進大碗裡充分攪拌均勻，盛入盤中，依個人口味可淋點辣油一起吃。

> 如果有人對珠蔥的辣味和苦味很敏感的，不妨酌量使用。建議大人吃的再加辣油，小孩吃的不要加辣油。

From 老公♥
海帶芽這傢伙真可口啊！今天的特別好吃！

1人份
含醣量 **4.3**g
熱量 **154** kcal

♡ 鬆軟可口的日式小菜 ♡

和風味油菜拌納豆

調理時間 5 分

把處理油菜的工作都交給微波爐了，
水嫩多汁的日本油菜與納豆十分對味。

PART 5 也能當成下酒菜的瘦身料理

From 老公♥
我最喜歡這種日式風味了！

材料（1人份）

納豆…1盒
日本油菜…1棵（約50g）
麻油…1小匙
柴魚片…1包（2.5g）
岩鹽（沒有的話就用鹽）…少許

作法

1. 納豆充分攪拌均勻。用保鮮膜鬆鬆地包起日本油菜，放進微波爐加熱1分鐘，切成2cm寬。
2. 把所有的材料倒進大碗裡攪拌均勻。

1人份
含醣量 2.7g
熱量 142 kcal

> 用老公愛吃的**納豆**，輕鬆做出最理想的低醣下酒菜！

調理時間 **5**分

♡泡菜的辣味還能提升飽足感喔～♡

納豆泡菜涼拌食蔬

納豆和泡菜都是冰箱常備食材，所以兩三下就可以變出一道菜了。

材料（1人份）

納豆…1盒
白菜泡菜…30g
蘿蔔嬰…適量

作法

1. 納豆充分攪拌均勻；泡菜如果太大塊則切成便於入口的大小；蘿蔔嬰切除根部，切成2等分。
2. 納豆與泡菜攪拌後盛入盤中，放上蘿蔔嬰。

From 老公♥
我很愛吃蘿蔔嬰，為什麼不豪邁地多放一點呢？

1人份
含醣量 **4.1**g
熱量 **105** kcal

♡清淡爽口，令人一口接一口♡

蘘荷蘿蔔泥拌納豆

納豆與蘿蔔泥是絕對不會出錯的組合。
用蘘荷增添清爽的風味與清脆的口感。

調理時間 10分

材料（1人份）

納豆…1盒
蘿蔔泥…60g
蘘荷…1個
醬油…少許

作法

1. 納豆充分攪拌均勻；蘘荷切成圓片。
2. 蘿蔔泥與納豆攪拌後盛入盤中，放上蘘荷，再淋上醬油。

From 老公♥
滑溜順口～根本是用喝的！（給我細嚼慢嚥）

1人份
含醣量 5.3g
熱量 110kcal

PART 5 也能當成下酒菜的瘦身料理

> 作法簡單的涼拌豆腐，是我家餐桌上的常客！

調理時間 **5**分

♡ 小朋友也愛吃的清爽的滋味 ♡

紫蘇納豆涼拌豆腐

紫蘇用手撕碎即可，
做這道菜甚至不需要用菜刀和砧板。

材料（1人份）

嫩豆腐…1/2 塊（約 150g）
納豆…1 盒
吻仔魚乾…1 大匙
紫蘇…3 片
醬油…少許

作法

1. 把納豆和吻仔魚倒進碗裡，仔細攪拌均勻；紫蘇撕碎。

2. 將豆腐放在另一個容器裡，放上拌勻的納豆，撒上紫蘇，再淋上醬油即可。

From 老公♥
吻仔魚是個厲害的角色，搭配什麼都很和諧。

1人份
含醣量 **5.4**g
熱量 **184** kcal

♡黏呼呼的，但居然一吃就上癮。♡

秋葵金針菇涼拌豆腐

調理時間 **5**分

我們家很喜歡吃涼拌豆腐，
這種組合可以享受到黏 TT 的奇妙口感。

PART 5 也能當成下酒菜的瘦身料理

From 老公♡
這道豆腐與威士忌蘇打酒太對味了！

1人份
含醣量 **3.1g**
熱量 **99** kcal

材料（1人份）

嫩豆腐
…1 小塊（約 200g）
金針菇…1/4 袋（約 45g）
秋葵…4 根（約 30g）

A｜炒過的白芝麻、麻油各 1 小匙，雞湯粉 1/2 小匙，醬油 1/4 小匙

辣油（視口味）…適量

作法

1. 秋葵切除蒂頭，再切成薄片；金針菇切掉根部，撥散，切成 1～2cm 長。

2. 把秋葵和金針菇放進耐熱容器裡，鬆鬆地罩上一層保鮮膜，用微波爐加熱 30 秒，放涼後瀝乾水分，加入 **A** 料拌勻。

3. 把豆腐盛入盤中，再放上攪拌好的食材，再依個人口味淋點辣油。

163

作法簡單的涼拌豆腐，是我家餐桌上的常客！

♡有點豪華的五花肉料理♡

涮豬肉涼拌豆腐

放上簡單汆燙過的豬肉和珠蔥，再淋點柑橘醋就可以上桌了！

調理時間 10分

材料（1人份）

嫩豆腐
…1/2塊（約150g）
煮火鍋用的豬肉片（任選五花肉或里肌肉都可以）…100g
麻油…1小匙
柑橘醋醬油
…1小匙(亦可再多一點)
炒過的白芝麻…1小匙
珠蔥（切成蔥花）…適量
辣油（視口味）…少許

作法

1. 豬肉如果太大片，請切成便於食用的大小，用熱水稍微燙一下、瀝乾。

2. 把豆腐放進盤子裡，淋上麻油，再放上豬肉片，淋點柑橘醋醬油。

3. 最後放上芝麻和蔥花，可依個人口味淋點辣油來吃。

From 老公♡
這個涼拌豆腐好厲害！可以列入中心打者的陣容。

1人份
含醣量 3.8g
熱量 398 kcal

♡清爽又美味，適合夏天吃的小菜♡

海苔小黃瓜涼拌豆腐

調理時間 **10**分

口感清脆、風味清爽的小黃瓜和海苔的香氣太搭了！

From 老公
這道豆腐與威士忌蘇打酒太對味了！

材料（1人份）

嫩豆腐…1/2 塊（約 150g）
小黃瓜…1 條
鹽…1/2 小匙
烤海苔…適量
（手撕海苔或切碎的海苔）
醬油（視口味）…少許

作法

1. 小黃瓜切成細絲，放進大碗裡，撒上鹽靜置一會兒抓醃 20 分鐘，再擰乾水分。
2. 把豆腐放進盤子裡，放上小黃瓜絲和滿滿的海苔，依個人口味淋點醬油一起吃。

1人份
含醣量 **4.9**g
熱量 **102**kcal

PART **5** 也能當成下酒菜的瘦身料理

> 作法簡單的涼拌豆腐，是我家餐桌上的常客！

♡鮪魚與起司粉拌一拌，居然意外地好吃。♡

鮪魚起司涼拌豆腐

調理時間 10 分

起司鮪魚醬淋在豆腐上，
再放上黑胡椒粒來增調滋味。

材料（1人份）

嫩豆腐
…1/2 塊（約 150g）
鮪魚罐頭（水煮）
…1/2 罐（35g）
起司粉…1/2 小匙
橄欖油…1 小匙
岩鹽（也可以用鹽）、
黑胡椒粒…各適量
乾燥巴西里…少許

作法

1. 鮪魚罐頭瀝乾湯汁，加入起司粉、少許鹽，充分攪拌均勻。
2. 把豆腐放進盤子裡，淋上橄欖油，放上鮪魚，再撒上鹽、黑胡椒粒各少許，以及少許乾燥巴西里。

From 老公♥
有時候來點這種變化球也不錯。

1人份
含醣量 3.2g
熱量 157 kcal

♡ 老公也說讚的 ♡

番茄橄欖油涼拌豆腐

調理時間 **5**分

從番茄流出的汁液充滿了濃縮的美味，
和醬汁一起淋在豆腐上一起吃。

PART **5** 也能當成下酒菜的瘦身料理

From 老公♡
簡單，但是也很有滋味！

材料（1人份）

嫩豆腐
…1/2 塊（約 150g）
小番茄…7 個

A 橄欖油 1 大匙，岩鹽、黑胡椒粒各少許

作法

1. 小番茄直切成 2～4 等分；豆腐切成 1cm 寬片狀；**A** 料放大碗裡攪拌均勻，再加入小番茄拌勻。

2. 把豆腐排在盤子裡，淋上橄欖油和小番茄。

家裡如果有岩鹽，請務必使用岩鹽！

1人份
含醣量 **5.1**g
熱量 **208** kcal

167

PART 6

不需要
菜刀、砧板
就能做的瘦身餐

省略烹調的手續和洗碗盤的時間，
輕鬆地減去醣份

藉由使用絞肉或肉絲來做菜，不需要菜刀和砧板的食譜在部落格上也大受歡迎。平常當然不用說，疲憊的日子或忙碌的日子，或者是想偷懶一下的時候，都可以善用這些作法！

♡ 水菜可以吃得很飽 ♡

清炒豬肉水菜

調理時間
10分

生的水菜很有份量，有點難入口。
與豬肉一起拌炒成清淡的風味，就能吃很多！

材料（2人份）

豬里脊肉絲⋯190g
鹽、胡椒粉⋯各少許
水菜⋯2棵
蘘荷⋯1個
沙拉油⋯1/2大匙
醬油⋯1/2大匙

作法

1. 如豬肉太大片，請切成便於食用的大小，撒上鹽、胡椒粉稍醃；水菜以廚房專用剪刀剪成5cm長；蘘荷用剪刀切成小丁。

2. 沙拉油倒入平底鍋以中火加熱，放入豬肉拌炒，炒到豬肉變色再加入水菜，炒軟後以畫圓的方式均勻地淋上醬油後即可盛入盤中，撒上蘘荷。

> 不加蘘荷也沒關係。如果偏好清淡一點的味道，請把醬油減少為1小匙。

From 老公♥
（看著水菜）這是什麼？（我回答這是水菜後）太好吃啦！

1人份
含醣量 **1.2g**
熱量 **262 kcal**

♡用平底鍋簡單做，也很適合帶便當。♡

咖哩豬肉炒蛋

用咖哩粉及醬油調味，
咖哩塊含醣量很高，換成咖哩粉就還好。

調理時間 10分

From 老公♥
咖哩的味道！
我果然還是很
愛咖哩……

1人份
含醣量 **1.3g**
熱量 **385kcal**

材料（2人份）

豬里脊肉絲…200g
鹽、胡椒粉…各適量
蛋…3個
咖哩粉…1小匙
沙拉油…1/2大匙
醬油…1小匙
乾燥巴西里…少許

作法

1 在豬肉表面撒上鹽、胡椒粉各少許；把蛋打散在大碗裡，加入鹽、胡椒粉各少許，再撒上咖哩粉攪拌均勻。

2 沙拉油倒入平底鍋以中火加熱，放入豬肉片拌炒，炒到豬肉變色再加入醬油、蛋液，炒到蛋半熟後關火。盛入盤中，依個人口味撒些乾燥的巴西里。

蛋如果全熟會變得乾巴巴的，所以最好在7分熟的時候就關火。

PART 6 不需要菜刀、砧板就能做的瘦身餐

From 老公 ♥
奶油的香味陣陣襲來，連鼻子都覺得好好吃。

1人份
含醣量 **0.4**g
熱量 **251**kcal

♡ 奶油交織出濃郁香氣！♡

奶油豬肉炒菠菜

只用鹽和胡椒簡單地調味，
再加入豬肉，就變得很有份量！

調理時間 **10** 分

材料（2人份）

豬里脊肉絲…150g
鹽、胡椒粉…各適量
菠菜…1把
奶油…15g

作法

1. 如果豬肉太大片請切成便於食用的大小，撒上 1/4 小匙鹽、少許胡椒；菠菜以廚房專用剪刀剪成 5cm 段。
2. 奶油放入平底鍋中以中火加熱，加入豬肉拌炒到豬肉變色，留下湯汁，先取出豬肉備用。
3. 用中火加熱同一只平底鍋，依序放入菠菜的莖、葉拌炒，再加入適量的鹽、胡椒粉調味，倒回豬肉片迅速地拌炒一下即可。

不需要菜刀的 POINT

菠菜的營養都集中在根部，請用剪刀豪邁地剪下來用。

♡ 辣辣的很好吃 ♡

柚子胡椒美乃滋夾肉

柚子胡椒的嗆辣會慢慢地浮現出來，
好好吃啊，加入紫蘇也很對味。

調理時間 **10** 分

材料（2人份）

雞胸肉…4塊
鹽、黑胡椒粒…各少許
紫蘇…4～8片
A｜ 美乃滋2大匙，柚子胡椒1小匙再多一點
　　橄欖油…1/2大匙

作法

1. A料混合攪拌均勻後備用；用廚房專用剪刀切除雞胸肉的筋，先垂直地用剪刀剪開，再剖成兩半，撒上鹽、胡椒粉，均勻地抹上 A 料，放上紫蘇，再用剪刀把剪開的開口收攏。

2. 橄欖油倒入平底鍋以中火加熱，夾好的雞胸肉切口朝下放進鍋子裡，煎到呈現金黃色再翻面，轉小火，蓋上鍋蓋燜3～4分鐘即可。

不需要菜刀的
POINT

雞胸肉對半剖開的時候也可以拿廚房專用剪刀來剪，先垂直地劃一刀，再切開成平平一片。

From 老公 ♥

清爽的風味固然很吸引人,但是要不要加入起司看看?(←果然還是熱愛起司)

PART **6**

需要薄、砧板,能做一支身

1人份
含醣量 **0.3g**
熱量 **194kcal**

♡豬肉炒青椒真是好吃～♡

辣炒青椒豬五花肉

調理時間 10分

豪邁地把青椒用力地掰開，
既簡單，又是幫助入味的好方法。

材料（2人份）

豬五花肉絲…180g
A｜鹽、胡椒粉各少許，大蒜、生薑末各2～3cm
青椒…4個
麻油…1大匙
紅辣椒（去除種籽後切碎）…1根
味噌…1大匙
豆瓣醬…1/2小匙
炒過的白芝麻…少許

作法

1. 把豬肉放進大碗裡，加入A料混合拌勻；把大拇指戳進青椒的蒂頭部分，以拉扯的方式取出種籽及蒂頭，撕成便於入口的大小。

2. 以小火加熱平底鍋裡的麻油及辣椒，炒到散發出香味後，加入青椒，炒到青椒變軟，再加入豬肉，炒到豬肉變色，依序加入味噌、豆瓣醬，炒均勻，入味後盛入盤中，撒上芝麻即可。

From 老公♡
帶點微辣的滋味太迷人了！

1人份
含醣量 4.7g
熱量 428kcal

♡ 沒有胃口也能吃得盤底朝天 ♡

紫蘇薑燒豬肉

紫蘇與生薑的組合再加以柑橘醋調味，清爽的程度簡直天下無敵！

調理時間 10 分

From 老公♡
風味清爽又好吃！再多也吃得下

1人份
含醣量 1.8g
熱量 293 kcal

不需要菜刀、砧板就能做的瘦身餐

材料（2人份）

豬肉絲…200g
鹽、胡椒粉…各少許
杏鮑菇…3根
紫蘇…6片
沙拉油…1/2 大匙
A ｜ 生薑末….1/2 小匙，柑橘醋醬油 1/2 大匙
沙拉醬…1/2 小匙

作法

1. 豬肉表面撒上鹽、胡椒粉；杏鮑菇用手撕成4～6等分；紫蘇撕成一口大小；A料混合均勻備用。

2. 沙拉油倒入平底鍋中以中火加熱，放入豬肉拌炒，炒到豬肉變色再加入杏鮑菇，炒到杏鮑菇變軟後，加入 A 料、紫蘇拌勻，即可盛入盤中。

> 用手從杏鮑菇的根部撕成兩半，一旦撕出斷面，接下來就很容易撕開了。

♡ 連小孩子都能做的超簡單料理 ♡

芝麻味噌拌豬肉

調理時間 **10**分

用微波爐就能做，超方便。
加入芝麻讓風味有更多層次。

材料（2人份）

豬里脊肉絲…200g
鹽、胡椒粉…各少許
油豆腐…160g
（80g×2塊）
A ｜ 味噌、水各 1/2 大匙，
　　味醂、雞湯粉各 1/2 小匙
炒過的白芝麻…1 大匙
紫蘇…4 片

作法

1. 豬肉表面撒鹽、胡椒粉稍醃；用手將油豆腐撕成小一點的一口大小；**A** 料放入碗中混合均勻備用。

2. 把豬肉、油豆腐、**A** 料一起倒進耐熱容器裡，稍微攪拌一下。鬆鬆地罩上一層保鮮膜，放進微波爐加熱 6～7 分鐘，取出後攪拌至所有的食材都沾到醬料，再加入炒過的白芝麻拌勻，盛入盤中，撒上撕碎的紫蘇。

From 老公 ♥
炒過的白芝麻發揮了優越的效果。

靜置一段時間後，味道會滲透進去，變得更好吃。

1人份
含醣量 **2.2g**
熱量 **380kcal**

♡明明很簡單，怎麼能這麼好吃！？♡

柚子胡椒辣炒豆芽菜

調理時間 10 分

只用鹽、胡椒粉和柚子胡椒調味而已，
一起上桌的豆芽菜也好好吃呀～

PART 6 不需要菜刀、砧板就能做的瘦身餐

From 老公♥
這種調味太完美了吧？裡頭加了什麼？

材料（2人份）

豬肉絲…200g
鹽、黑胡椒粒…各適量
柚子胡椒…2小匙
豆芽菜…1袋
沙拉油…1/2大匙
柑橘醋醬油…1小匙
珠蔥（切成蔥花）…適量

作法

1. 豬肉表面撒鹽、胡椒粉各少許，加入1小匙柚子胡椒，揉捏入味。

2. 沙拉油倒入平底鍋中以中火加熱，加入豬肉片拌炒，炒熟後先取出；平底鍋中放入豆芽菜，再加入剩下的柚子胡椒，以中火充分拌炒均勻，再撒上鹽、胡椒粉各少許，以畫圓的方式倒入柑橘醋醬油；依序將豆芽菜、豬肉盛入盤中，撒上珠蔥即可。

1人份
含醣量 2.1g
熱量 301 kcal

黑胡椒粒的味道很直接，非常好吃。

179

♡ 重點在於加入了柴魚片！♡

柴魚片炒高麗菜豬肉

利用絞肉和蛋來增加份量，
多虧了柴魚片，調味更有層次了。

調理時間 **10**分

材料（2人份）

豬絞肉…150g
蛋…2個
高麗菜…1/6個
（約200g）
麻油…1/2大匙
醬油…1大匙
柴魚片…1包（2.5g）
鹽、胡椒粉…各少許

作法

1. 高麗菜切大片；把蛋打散在大碗裡。

2. 麻油倒入平底鍋中以中火加熱，放入絞肉拌炒，炒到豬肉變色再加入高麗菜迅速地拌炒一下。

3. 炒到高麗菜熟透，再加入醬油，以畫圓的方式倒入蛋液，稍微攪拌一下，再加入柴魚片、鹽、胡椒粉炒勻即可。

From 老公♡
柴魚片扮演著非常重要的角色！（自以為很了解）

1人份
含醣量 **4.5g**
熱量 **298kcal**

♡ 明明是冬粉而已，居然這麼好吃 ♡

生薑炒豬肉韭菜冬粉

調理時間 10分

讓人只想一直吃冬粉，
對韭菜豬肉不屑一顧的菜色。

PART 6 不需要菜刀、砧板就能做的瘦身餐

材料（2人份）

豬絞肉…100g
冬粉…2把
韭菜…1/2把
沙拉油…1/2大匙
大蒜末、生薑末…各1小匙
醬油…1又1/2大匙
鹽、胡椒粉…各少許
麻油…1小匙

From 老公♡
我很懷疑「這是冬粉？」因為口感新鮮又美味。

作法

1. 以廚房專用剪刀將韭菜剪成5cm長段；把冬粉放進平底鍋，開中火邊炒邊攪拌，炒散後取出備用。

2. 沙拉油到入平底鍋中以中火加熱，放入生薑和大蒜以小火拌炒，炒到散發出香味後，加入豬肉片，炒到變色，再加入韭菜炒熟，再加入冬粉炒勻，以畫圓的方式倒入醬油，均勻地撒上鹽、胡椒粉、麻油調味。

1人份
含醣量 3.2g
熱量 194kcal

請確實地收乾冬粉的水分。一開始就要徹底地爆炒出生薑和大蒜的香味，不用放太多調味料，滋味也很濃郁。

♡用微波爐就能做的便利商店風料理。♡

胡椒檸檬沙拉雞

調理時間
5分

一次做好一大塊，上桌的時候再切開；
檸檬的風味清爽迷人。

材料（2人份）

雞胸肉（去皮）
…1小片（約200g）
檸檬汁…1小匙
鹽…1/2小匙
胡椒…少許

作法

1. 把雞肉放進耐熱容器，淋上檸檬汁，均勻地把鹽抹在雞肉上，撒上胡椒。

2. 鬆鬆地罩上一層保鮮膜，放進微波爐加熱2分鐘，翻面，蓋回保鮮膜再加熱2分鐘。不用撕開保鮮膜，靜置放涼。盛入盤中，切成喜歡的厚度來吃。

From 老公♡
或許也可以帶去公司當午餐。

1人份
含醣量 **1.7**g
熱量 **241**kcal

♡毫無訣竅，只要煎熟就好♡

芥末籽雞翅膀

用單烤的雞翅膀沾加入了芥末籽的醬汁來吃，美味得令人大開眼界。

調理時間 **10**分

From 老公♡

嗯，這真是太好吃了！（說著說著，不知不覺就吃了8隻）

1人份
含醣量 **0.8g**
熱量 **364 kcal**

材料（1～2人份）

雞翅膀…5隻
鹽、胡椒粉…各適量
沙拉油…3大匙
A ｜ 美乃滋1大匙，芥末籽1小匙

作法

1. 雞翅膀的兩面都要均勻地抹上鹽、胡椒粉。

2. 沙拉油倒入平底鍋中以中火加熱，將雞翅的雞皮那面朝下放進鍋子裡，煎到微焦再翻面，蓋上鍋蓋，轉小火，燜4分鐘。利用燜燒的時間把 A 料混合攪拌均勻，做成沾醬。雞翅煎好後盛盤，搭配沾醬一起吃。

雞翅膀從帶皮的那一面放入鍋中，煎到金黃香酥。

PART **6** 不需要菜刀、砧板就能做的瘦身餐

183

此處加上了生菜和小番茄

From 老公
奶油雞是繼咖哩之外的另一道最愛美食。

1人份
含醣量 **1.4**g
熱量 **368**kcal

♡ 只要揉一揉下鍋煎 ♡

奶油檸檬翅小腿

提到奶油雞，多少都會擠一點檸檬汁，
所以吃起來風味很清爽。

調理時間
10 分
＊扣掉醃漬時間

材料（2人份）

翅小腿…10 隻
鹽、胡椒粉…各少許
A｜雞湯粉 2 小匙，
　｜檸檬汁 1/2 小匙
橄欖油…2 大匙
奶油…1 大匙（12g）

作法

1 以廚房專用剪刀順著骨頭在翅小腿兩側垂直劃入深深的刀痕，抹上鹽、胡椒粉，裝進夾鏈袋裡，加入 A 料，從袋子外面揉捏 15 分鐘左右。

2 奶油、橄欖油到入平底鍋中以中火加熱，等到奶油開始融化，將雞翅小腿雞皮朝下放進鍋子裡，煎到呈現金黃色再翻面，轉為比較小的中火煎另一面，蓋上鍋蓋，轉小火燜 3 分鐘。

PART **6** 不需要菜刀、砧板就能做的瘦身餐

不需要菜刀的 POINT

這種作法很簡單，只要把翅小腿煎熟就行了。為了讓雞肉更容易入味，不妨趁買回來的時候直接在盒子裡切開。

♡ 只要揉一揉下鍋煎 ♡

醋醬油炸雞翅

沒有胃口的時候也能吃得津津有味,
就連小孩也能大快朵頤。

調理時間 **10**分
＊扣掉醃漬時間

材料（2 人份）

雞翅膀中段…12 隻
A｜醋、醬油各 1 大匙,
　｜麻油 1/2 小匙
沙拉油…適量

作法

1. 把雞翅膀的中段和 **A** 料放進夾鏈袋裡，從袋子外面揉捏 15 分鐘。

2. 沙拉油倒入平底鍋燒熱，將雞翅的雞皮那面朝下放進鍋子裡，開中火焦成漂亮的金黃色再翻面，蓋上鍋蓋，轉小火，燜 3 分鐘；關火後不再聽到霹靂啪啦的聲音時再打開鍋蓋，把油瀝乾，盛入盤中。

> 雞肉上下翻面後，火太大很容易燒焦，所以請用比較小的火候微調加熱。關火後馬上掀開鍋蓋，水若滴進鍋子裡，油會噴濺出來，所以請等到沒聲音再掀開鍋蓋。

From 老公

沒想到這麼清爽！我已經不需要砂糖了。

PART 6
不需要菜刀、砧板就能做的瘦身餐

1人份
含醣量 **2.2g**
熱量 **525kcal**

PART 2

湯、沙拉，
讓你飽足感滿滿

只要多了這些，飽足感立刻不一樣！

老公開始減肥以後，規定菜單一定要有「湯和沙拉」。雖然覺得好麻煩啊，然而一旦決定好標準的作法，就變得簡單多了。多吃湯和沙拉不僅能攝取到維生素、礦物質，還能增加飽足感，好處多多。

湯 SOUP

♡ 整碗都是蔬菜 ♡

大頭菜培根法式小鍋

大頭菜熬煮到軟綿綿地與湯融為一體，而且很容易煮熟，一下子就能做好。

材料（2人份）

培根片（小包裝）…4 片
大頭菜…1 大個（約 100g）
紅蘿蔔…1/2 根（約 75g）
高湯粉…2 小匙
乾燥巴西里…適量

作法

1. 大頭菜削皮，切成 8 等分（如果是比較小個兒的就切成 4 等分）；紅蘿蔔切成大一點的滾刀塊；培根切成 1cm 寬。

2. 在鍋子裡倒入 1 又 1/2 杯水（份量另計）和所有的材料，開中火煮滾後加入高湯粉，以大火煮滾後轉小火煮 10 分鐘，煮到蔬菜軟爛即可關火，再撒些乾燥的巴西里。

＊亦可依個人口味撒點黑胡椒粉（份量另計）。

調理時間 10 分

From 老公

大頭菜很美味，法式小鍋的賣相也能讓人從心裡暖和起來。

PART 7

湯、沙拉，讓你飽足感滿滿

1人份
含醣量 **4.9**g
熱量 **99** kcal

湯 SOUP

♡熱門、好受歡迎的料理！♡

白菜蘿蔔味噌湯

白菜吸飽了高湯的甜味，還加入蘿蔔，
肯定挑不出任何毛病來！

材料（2人份）

蘿蔔⋯70g
白菜⋯30g
高湯⋯2杯
味噌⋯1又1/2大匙

作法

1. 蘿蔔與白菜各自切成細絲。
2. 在鍋子裡倒入高湯和1，開中火加熱，煮到食材軟爛，再加入味噌攪散，關火。

> 其實很快就熟了，所以請從生水開始煮，好把蔬菜的清甜煮出來。

From 老公♥
這才是不喝不可的湯！

調理時間 10分

1人份
含醣量 **3.7**g
熱量 **37**kcal

♡生薑的力量讓身體熱起來♡

豆皮生薑味噌湯

加入了生薑風味清爽，身體也很暖和，
豆皮的味道很濃郁，不覺得吃得很飽嗎？

調理時間 **10**分

PART **7**
湯、沙拉，讓你飽足感滿滿

From 老公♡
哇～好溫暖呀！全身都熱了起來！

材料（2人份）

豆皮…1/2 片
海帶芽（脫水）…4g
生薑…1/2 塊
高湯…2 杯
味噌…1 又 1/2 大匙

作法

1. 海帶芽泡水還原再瀝乾水分；豆皮切成長條狀，生薑切成細絲。

2. 在鍋子裡倒入高湯和全部的材料，開中火加熱，稍微煮一下，再加入味噌攪散，關火。

> 豆皮沒有去油，如果在意的話，可氽燙去油後再煮。

1人份
含醣量 **3.0**g
熱量 **63**kcal

湯 SOUP

♡喝完後身體就暖呼呼的♡

豆腐泡菜大蔥湯

泡菜做成湯別有一番風味。
比起辣，更想品嘗到這道湯的鮮美滋味。

材料（2人份）

豆腐…1/3塊（約100g）
白菜泡菜…50g
青蔥…1/2根
A｜高湯粉1小匙，豆瓣醬1/2小匙，醬油1/4小匙

作法

1. 泡菜切成方便入口的大小；蔥切小丁；豆腐切成1cm的塊狀。

2. 把2又1/2杯（份量另計）的水倒進鍋子，開中火加熱，煮滾後加入泡菜和長蔥、豆腐一起煮滾，再加入**A**料，煮到蔥軟化後就可關火。

> 如果為了增加辣度而增加泡菜的量會變得很鹹，所以改用豆瓣醬來加強辣度。

調理時間 **10**分

From 老公♡
不會很辣，可以唏哩呼嚕地喝下去！

1人份
含醣量 **3.5**g
熱量 **58**kcal

♡ 料多味美,而且高麗菜很清甜 ♡

高麗菜蛋花湯

等蔬菜煮好再打一個蛋,
營造出豐盛佳肴的感覺,家人也很捧場。

調理時間 **10** 分

From 老公♥
打破半熟蛋,與高麗菜混在一起的時候簡直是人間美味。

材料(2人份)

蛋…2個
高麗菜
…1/8 個(約 150g)
高湯粉…2 小匙
胡椒…少許

作法

1. 高麗菜切成 1cm 寬;蛋打散在小碗裡。

2. 把 2 又 1/2 杯(份量另計)的水倒進鍋子裡,開中火,煮滾後加入 1 的高麗菜,煮軟後再加入西式高湯粉;加入蛋液,煮到個人偏好的熟度後裝到碗裡,撒上胡椒。

> 湯如果不夠熱,蛋就不容易凝固,容易變成蛋花。所以加蛋後不要任意攪動,先煮到理想中的硬度再說。

1人份
含醣量 **3.1**g
熱量 **96** kcal

PART **7** 湯、沙拉,讓你飽足感滿滿

湯 SOUP

♡ 意外地美味、孩子也喜歡 ♡

羊栖菜中式蔥湯

或許大家會懷疑，湯裡可以加入羊栖菜嗎？
其實羊栖菜和蔥意外地對味喔。

材料（2人份）

羊栖菜芽（脫水）…7g
長蔥…1根
醬油、雞湯粉…各1小匙再多一點
鹽、胡椒粉…各少許
珠蔥（切成蔥花）…適量

作法

1. 把羊栖菜放進碗裡，以大量的水浸泡，再瀝乾水分；長蔥切成小丁。

2. 把3杯水（份量另計）倒進鍋子裡，開中火加熱，煮滾後加入 1 和醬油、雞湯粉，等到蔥煮軟後，再以鹽、胡椒粉調味，即可裝到碗裡，撒上蔥花。

From 老公 ♥
羊栖菜？！也能放進湯裡？這可是新發現呢！比看起來的樣子還要好喝。

調理時間 10分

1人份
含醣量 2.4g
熱量 19 kcal

♡ 以滿滿的料來增強體力 ♡

豬肉酸辣湯

老公也對這道豬肉酸辣湯讚不絕口
「簡直像在吃擔擔麵一樣！」~

From 老公♥
韭菜和蛋都色香味俱全。是一道足以媲美火鍋的湯。

1人份
含醣量 **2.7g**
熱量 **245 kcal**

材料（2人份）

豬里脊肉絲…100g
鹽、胡椒粉…各適量
麻油…1/2 大匙
蛋…2 個
韭菜…1/2 把
金針菇…1/4 袋
A｜醋 1 又 2/3 大匙，西式高湯粉 2 小匙，鹽、胡椒粉各 1/4 小匙
辣油…1 小匙

作法

1. 豬肉抹上鹽、胡椒粉各少許。麻油到入平底鍋中以中火加熱，放入豬肉拌炒，炒到豬肉變色，從鍋子上方以廚房專用剪刀把韭菜剪成5cm長加入；金針菇切除根部，從尾端切成1cm長段，也加入鍋子裡一起炒。

2. 加入3杯水（份量另計）煮滾，再加入 A 料；蛋打散在大碗裡，等到鍋中食材再次煮滾後以畫圓的方式加入。關火，加入辣油和少許胡椒即可。

調理時間 **10分**

PART 7　湯、沙拉，讓你飽足感滿滿

SALAD 沙拉

♡ 這道菜是我們家的標準菜色 ♡

基本的沙拉

這道簡單的沙拉最常出現在我家餐桌，
當然還加了豆渣粉，看似平凡，卻能吃得很飽。

材料（2人份）

萵苣…1/4 個
水菜…1 棵
小黃瓜…1 條
A | 豆渣粉 1 大匙，橄欖油 2 大匙，
醋 1 又 1/2 大匙，醬油 1/2 大匙
岩鹽（沒有的話就用鹽）、黑胡椒粒…各少許

作法

1. 萵苣撕成便於食用的大小，水菜切成 3cm 長；小黃瓜先直切成兩半，再斜切成薄片。
2. 把所有食材和 A 料放進大碗裡攪拌均勻，用鹽、胡椒粉調味。

> 多放一點黑胡椒粒會更好吃。

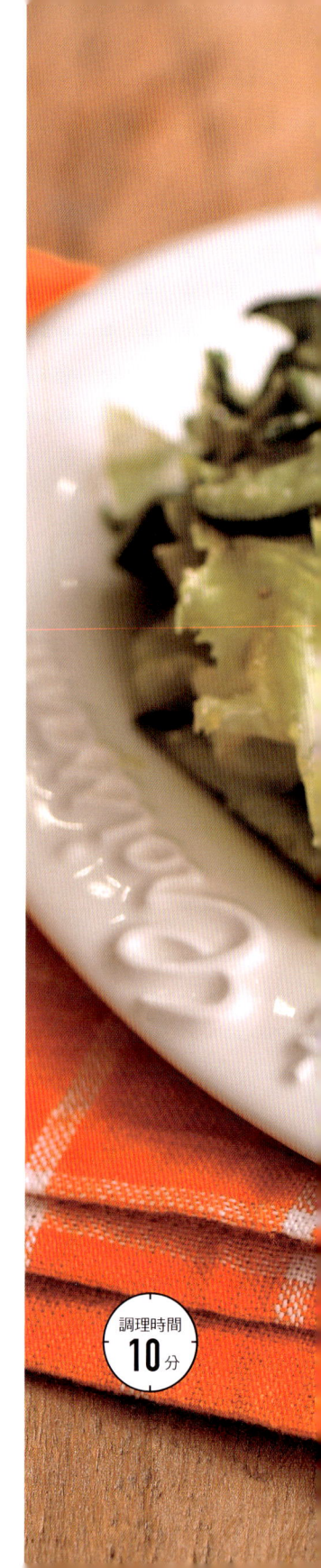

調理時間 **10** 分

From 老公 💗

我被這道沙拉拯救了……（吃的頻率很高）

PART 7

湯、沙拉，讓你飽足感滿滿

1人份
含醣量 **3.4g**
熱量 **153 kcal**

SALAD
沙拉

From 老公 ♥
這個這個個～～
就是這個～～

1人份
含醣量 **2.8**g
熱量 **94** kcal

♡ 可以吃到大量的萵苣 ♡

韓式萵苣沙拉

想製造一點變化的時候就會做，
加入豆渣粉，感覺心滿意足。

材料（2 人份）

陽光萵苣…5 片（80g）
小黃瓜…1 條
A ｜ 豆渣粉、麻油各 1 大匙，
　　醬油 1/2 大匙，大蒜末 ....1/2 小匙
烤海苔…適量

作法

1 陽光萵苣撕成便於食用的大小；小黃瓜切絲。

2 把 A 料放入大碗裡拌一拌，再加入食材拌勻，即可盛入盤中，撒上撕碎的烤海苔。

> 如果要上班，擔心大蒜的味道不好，請適度調整。

調理時間 10 分

沙拉 SALAD

♡芝麻味噌真是無所不能♡

豆腐芝麻味噌沙拉

加入切成小塊的豆腐，
吃起來滑溜溜地好好吃。

材料（2人份）

嫩豆腐
…1/3塊（約100g）
吻仔魚乾…4大匙
萵苣…1/4個
A │ 豆渣粉、醋、麻油各
    1大匙，味噌2小匙
炒過的白芝麻…1大匙
珠蔥（切成蔥花）…適量

作法

1. 陽光萵苣撕成便於食用的大小。豆腐切成2cm的小丁。

2. 把 A 料加到大碗裡拌一拌，再加入 1 的萵苣和吻仔魚乾拌勻。加入 1 的豆腐稍微攪拌一下，盛入盤中，撒上芝麻和蔥花。

調理時間 10分

From 老公♥
味噌的味道真香，改天請再做給我吃！

1人份
含醣量 **3.8g**
熱量 **156** kcal

♡ 這道沙拉是老公的最愛 ♡

起司蛋凱薩沙拉

也加入了蛋和起司，
適用於想吃飽吃好的日子。

調理時間 **10** 分

PART 7

湯、沙拉，讓你飽足感滿滿

From 老公♥
這沙拉未免也太豪華了……！

材料（2人份）

白煮蛋…2 個
起司球…5 顆
萵苣…1/4 個

A｜豆渣粉、起司粉、橄欖油、美乃滋、醋各 1 大匙，牛奶 1/2 大匙

鹽、黑胡椒粒…各少許

作法

1. 白煮蛋切成 4 等分，再對半切開。起司切成 4 等分。萵苣撕成便於食用的大小，。

2. 把 A 料加到大碗裡拌一拌，再加入萵苣和起司、白煮蛋拌勻。以鹽、胡椒粉調味。

1人份
含醣量 **2.1**g
熱量 **218** kcal

沙拉 SALAD

♡ 小孩也相當喜歡吃呢！♡

羊栖菜美乃滋沙拉

不需要用到鍋子，只要微波爐就能輕鬆搞定。
溫柔的味道令人如釋重負。

材料（2人份）

金針菇…1/2 袋（約 90g）
羊栖菜（脫水）…10g
　（泡水變 100g）
喜歡的水煮豆子…100g

A｜炒過的白芝麻 1 大匙，美乃滋 1 又 1/2 大匙，醬油 1/2 大匙，大蒜末…1 大匙

作法

1. 用大量的水浸泡羊栖菜；金針菇切除根部，切成 2cm 長，撥散。

2. 把羊栖菜、金針菇放進耐熱容器裡，鬆鬆地罩上一層保鮮膜，用微波爐加熱 3 分鐘。徹底地瀝乾水分，加入豆子和 A 料，攪拌均勻。

調理時間 10 分
＊扣除羊栖菜泡水的時間

From 老公 ♥
完全沒有羊栖菜的草味，和美乃滋太對味了！

1人份
含醣量 3.4g
熱量 212 kcal

寫在最後

在製作這本書的時候，我問老公：「減肥成功後，有什麼改變嗎？」「感覺身心都得到重整，對飲食的意識和味覺本身也改變了。」老公回答得煞有其事（笑）

簡而言之，就是擺脫醣中毒，身心都產生了各式各樣的變化。
（真的很簡單粗暴）

透過減肥改變飲食習慣，即使嘴饞也不會再追求甜食，可以只吃點適量的零食就得到滿足。

除此之外，不再偏好重口味的食物，可以在吃到八分飽的時候就（自動自發地）放下碗筷則是更顯著的變化！

原本是以打造強健的體魄為出發點，沒想到減肥還能改變生活習慣及思考、味覺，看到老公連身心都變得體態輕盈，每天都覺得好開心。

最後，真的非常感謝總是支持我的各位讀者。
但願本書能助「想輕鬆又健康地瘦下來！」的人一臂之力。

小喵

國家圖書館出版品預行編目(CIP)資料

醫生保證瘦的減醣料理 / 小喵著 . -- 初版 . -- 新北市 : 幸福文化出版社出版 :
遠足文化事業股份有限公司發行, 2021.06
　面；　公分
ISBN 978-986-5536-73-2(平裝)
1. 減重　2. 食譜

427.1　　　　　　　　　　　　　　　110008664

醫生保證瘦的減醣料理

作　　者：小喵	發　　行：遠足文化事業股份有限公司
監　　修：工藤孝文	地　　址：231 新北市新店區民權路 108-2 號 9 樓
責任編輯：黃佳燕	電　　話：（02）2218-1417
封面設計：比比司設計工作室	傳　　真：（02）2218-1142
內頁排版：王氏研創藝術有限公司	電　　郵：service@bookrep.com.tw
	郵撥帳號：19504465
總 編 輯：林麗文	客服電話：0800-221-029
副 總 編：梁淑玲、黃佳燕	網　　址：www.bookrep.com.tw
行銷企劃：林彥伶、朱妍靜	
印　　務：黃禮賢、李孟儒	法律顧問：華洋法律事務所 蘇文生律師
	印　　刷：凱林印刷股份有限公司
社　　長：郭重興	
發行人兼出版總監：曾大福	初版一刷：2021 年 6 月
出　　版：幸福文化／遠足文化事業股份有限公司	定　　價：380 元
地　　址：231 新北市新店區民權路 108-2 號 9 樓	
網　　址：https://www.facebook.com/happinessbookrep/	
電　　話：（02）2218-1417	
傳　　真：（02）2218-8057	

Original Japanese title:OTTO MO YASETA! TOUSHITSU OFF NO DIET OKAZU copyright © 2020
Onya Original Japanese edition published by FUSOSHA Publishing Inc. Traditional Chinese
translation rights arranged with FUSOSHA Publishing Inc. through The English Agency (Japan)
Ltd. and AMANN CO., LTD., Taipei

Printed in Taiwan　有著作權 侵犯必究
※ 本書如有缺頁、破損、裝訂錯誤，請寄回更換
※ 特別聲明：有關本書中的言論內容，不代表本公司 / 出版集團之立場與意見，文責由作者自行承擔。